中国烟草的世界

〔日〕川床邦夫 著

张 静 译

2020 · 北京

川床邦夫

中国たばこの世界

東方書店，1999

根据东方书店1999年版译出

目录 Contents

序：烟草概述

中国的老百姓习惯将“烟、酒、茶”当作生活的娱乐品。相对而言，“茶”和“酒”在中国有着较为丰厚的历史底蕴，而“烟”是一个相对新生的舶来品。尽管如此，烟却深受广大中国人的喜爱，并且构筑了独具特色的中国烟文化。除吸烟外，中国另有鼻烟、嚼烟等多种吸食方式。烟的种类也是五花八门。中国作为一个世界大国，其烟叶产量及消费总量均位居世界首位。

朋友曾经问过我几个关于烟的起源、传播、种类、使用等方面的问题。在讲述中国烟草之前，我先将当时的谈话写给大家，以此让各位对烟草有一个笼统的认识。其中有些谈话内容难免会比较专业，还望各位谅解。

此外，本书用“**タバコ**”表示植物意义上的烟草，用

“たばこ”表示产品意义上的烟。这样一来，或许会有人认为烟叶不是一种产品，故应书写为“葉タバコ”。但是，对于种烟的农民而言，将收获的生叶进行干燥处理后得到的干叶——烟叶在中国市场上是可以作为商品销售的，因此本书没有采用“葉タバコ”的书写方式。

烟草植物的起源

问：**烟草属什么科？**

答：烟草与番茄、马铃薯、辣椒、矮牵牛一样，同属茄科植物。这里简单介绍一下植物的分类。无数个“种”构成“属”，无数个“属”又构成“科”。在“种”与“属”之间还可以设置“组”。烟草属于茄科烟草属烟草种。因此，就出现了“茄科植物”、“烟草属植物”这样的叫法。另外，烟草的学名是“*Nicotiana tabacum*”，“*Nicotiana*”为属名，意思是烟草属。“*tabacum*”为种名，在印第安语中意为“烟”。用拉丁文的属名和种名来表示生物的学名，这就是林奈确立的“二名法”。烟草的学名是世界通用的。

问：**烟草的原产地是哪里？**

答：关于烟草的原产地问题，曾经有欧洲说、非洲说、中国说等几种说法，近来则证实起源于南美。其证据可参考俄罗斯瓦维洛夫提出的“基因多样性中心说”，美国古德斯皮德等人所作的《烟草属野生种的分布》、《对烟草祖先种的研究》等论文，这里不再详细介绍。

接下来简单介绍一下烟草植物的起源。普通烟草是以野生林烟草 (*N. sylvestris*) 为母本，以绒毛烟草组的野生绒毛状烟草（*N. tomentosiformis*）为父本天然杂交而成的“双二倍体”。由于这种“双二倍体”的染色体数目是自然加倍的，所以它兼有母本和父本各自不同的特性。而从母本和父本的分布来看，普通烟草应该诞生在位于玻利维亚至阿根廷最北部的安第斯山脉东麓，其生长区域在海拔 1500 米左右。

另外，烟草属中还包括另外一个栽培品种——黄花烟草。日语名为“**マルバタバコ**”，学名为“*N. rustica*”。黄花烟草种是由野生圆锥烟草 (*N. paniculata*) 和野生波叶烟草 (*N. undulata*) 杂交而成的“双二倍体”。这两种野生祖先种主要分布在位于玻利维亚、秘鲁一带的安第斯山脉西麓，其生长区域在海拔 3000 米左右。

黄花烟草比普通烟草早熟，其尼古丁含量高，香、味不佳，因此在世界范围内被普通烟草取代。今天，黄花烟草只在俄罗斯、印度、中国的一部分地区种植。

问：烟草属中包含多少个种?

答：总共67个种。包括上面提到的2个栽培种、64个野生种，还有1个观赏用的“花烟草”，属于园艺种。在64个野生种烟草中，原产于南美洲的烟草属植物有35个种，原产于澳大利亚及南太平洋岛屿的有20个种，原产于北美洲的有8个种，非洲有1个种。在我参与编写的《烟草属植物图鉴》(《タバコ属植物図鑑》)中有详细介绍。

问：野生种烟草为何在澳大利亚、非洲等地也有分布?

答：这个问题问得好。这里需要借用德国人魏格纳于1912年提出的“大陆漂移说”。起源于南美的野生祖先种借助大陆漂移及其他外力，渐渐迁移至北美大陆、澳大利亚大陆和非洲大陆，之后在各个大陆形成多种多样的烟草种质资源。我们可以认为它是从原产地的南美大陆穿越覆盖植被的南极大陆，最后到达澳大利亚大陆的。因此烟草属也是用来证明大陆漂移说成立的植物之一。

烟草在新大陆的使用

问：新大陆是从何时开始使用烟草的?

答：迄今 3000 至 4000 年前，四方神仙也喜欢吸烟。流星是神仙们吸完后还冒着火星的烟灰，电闪雷鸣则是神仙点烟时打的火。

南瓜诞生于大地母亲的肚脐上，大豆诞生于大地母亲的脚面上，烟草则诞生于大地母亲的头顶上。因此，烟可以让人平心静气。

上面这两则故事分别是中美、北美地区的传说。据此可以看出，烟自古就与人类有着深厚的关系。

问：**普通烟草和黄花烟草是何时、又是怎样从原产地南美传播到中部美洲的呢？这里的中部美洲是指以墨西哥为中心的阿兹特克文明地和以危地马拉为中心的玛雅文明地……**

答：在中央安第斯山岳、中部美洲的高原地带以及南美的热带低洼地带栽培的植物中，有些种类在很早时期就被传播到其他地区。其代表是中部美洲栽培的玉米。人们在南美秘鲁的 Guitarrero 洞窟里发现了公元前 4000 年至前 2000 年的玉米遗迹。烟草也应该是在公元前早些时候被传播到其他地区的。可以推测，普通烟草是经由巴西、委内瑞拉、哥伦比亚等地传播至西印度群岛，而黄花烟草则是经由中美洲和墨西哥等地传播至北美大陆的。

问：**烟草最初是如何被人们使用的？**

答：一般认为，烟草最初出现在中部美洲的祭祀仪式上。比如阿兹特克人将烟草摆放在太阳祭坛的活人祭品身上。最初，人们在焚香仪式上点燃干烟叶，然后用鼻子吸入燃烧产生的烟气。之后出现了便于吸入烟气的烟斗。这些烟斗后来又发展成一端装着燃烧的干烟叶、另一端含在嘴里吸的烟袋，目前已经发现了很多这样的遗物。另外还有用玉米苞叶包裹烟叶的“卷烟”。在宗教仪式上，烟被当作赏玩之物或是一种灵丹妙药。

问：古印加人也吸烟吗？在烟草原产地的安第斯一带，几乎看不到吸烟的印第安人，这是怎么回事呢？

答：我也注意到了这一点。在南美实地考察时，我询问过许多专家。玻利维亚的 Urukiso 博士（时任玻利维亚考古学会会长）是这样回答的：

“可以肯定的是，人类自前印加时期就开始使用烟草了，同时期被使用的还有古柯。但是这两种物品仅限于上流社会的成年男子使用。古柯属于‘高神’，而烟草属于‘低神’。这里的高、低绝非高低贵贱之意，‘高神’掌控天上的风云雷电，‘低神’掌控地上的地震海啸。之后，欧洲人造访之时，古柯已经取代烟草成为普及品。”

问：古代还有哪些地区使用过烟草？

答：南美亚马孙地区的"鼻烟"广为人知。它是将烟粉塞入烟管内，然后对着对方的鼻子吹。另外还有"嚼烟"的方式，而吃烟、熬烟水、舔烟等习惯流传至今。

北美的烟草历史也非常久远。美国亚利桑那州北部出土了公元650年左右的烟草和烟蒂。北美印第安人与人交友，或者部落酋长们媾和时有交换烟斗的习惯，因此它享有"和平烟斗"的盛名。

问：野生烟草也曾经被人们使用过吗？

答：问得好。南美的部分原住民曾经使用过野生烟草。据说智利的马普切族曾使用过智利尖叶烟草（*N. acuminata*）。居住在阿根廷的莫科维人则将夜花烟草（*N. noctiflora*）的草根晒干后吸食。另外，许多民间疗法或私人诊所将野生种烟草用在治病上。粉蓝烟草（*N. glauca*）和波叶烟草可用来止痛，圆锥烟草则成为家庭医疗用品之一。我还听说猎头族希瓦罗人曾使用绒毛烟草缩制人头。此外，我们还可以看到许多人家的院子里或者马路两侧都种有粉蓝烟草。在玻利维亚，林烟草被当作观赏植物。北美的原住民曾经咀嚼或闻吸野生渐狭叶烟草（*N. attenuata*）。他们的神灵也吸烟，吸烟已经成为带有宗教色彩的习俗之一。而欧洲人眼中的另一个新大陆——澳大利亚，土著们习惯咀嚼野生高烟草（*N. excelsior*）。

自古以来，南美人习惯使用普通烟草，北美人使用黄花烟草和野生种烟草，而澳大利亚人使用诸多野生种烟草。不难看出，烟是新大陆原住民的生活必需品。

烟的传播

问：烟的历史是从哥伦布发现新大陆开始的吗？

答：1492年哥伦布发现了新大陆。虽然对于原住民而言，它意味着悲惨历史的开端，但它让生活在旧大陆的人们认识了烟。在那之前，栽培烟草从原产地安第斯山脉北部的加拿大一直绵延到南部的巴塔哥尼亚沙漠。据说玛雅人吸食的烟草以及哥伦布发现的新大陆人所吸食的烟草均为普通烟草，而北美印第安人则吸食黄花烟草。

问：之后烟草先后传播到西方、东方，最后传播到全世界吗？

答：是的。烟草传播到整个世界用了一个世纪的时间，传遍世界的各个角落则用了两个世纪。在极其苛刻的禁烟环境下，烟草逐渐走进人们的生活。这里我们用稍长篇幅谈一谈烟的传播历史吧。

16世纪初期烟草传播到欧洲。最先传播到的是西班牙，之后分别传播到葡萄牙、法国、英国等地。但是16世纪上半叶，烟草并没有引起人们足够的重视。16世纪下半叶，西班牙塞维利亚市一位名叫蒙纳德斯的医生发现了烟草的药用价值，烟草一时被人们推崇为包治百病的“万能药”。17世纪前叶历时30年的欧洲战争也促成了吸烟的广泛传播。

西班牙是欧洲烟草的最早传播国。当时西班牙将西印度群岛及墨西哥作为根据地，西印度群岛盛行的原始雪茄也在西班牙传播开来。

葡萄牙也为世界烟草的传播做出了重要贡献。1500年卡布拉尔等人抵达巴西并在此建立殖民地，巴西的雪茄烟由此传播到葡萄牙。

1559年法国驻葡萄牙大使让·尼古特将烟草作为礼物敬献给法国王室，据称这些烟草医好了加瑟琳女王的头痛。尼古特本人的名字也幸运地留在烟草界里。烟草属被命名为“尼古丁属”，其成分被命名为“尼古丁”。16世纪后半期的法国盛行用烟斗吸烟，17世纪上半期的路易十三时代，鼻烟开始在上流社会盛行。

英国的约·霍金斯提督攻打佛罗里达沿岸的法国殖民地时，于1565年将黄花烟草带回英国。之后，沃尔特·雷利爵士受伊丽莎白女王之命，于1584年向北美东南部地区派遣船队，对弗吉尼亚进行殖民统治。当地流行的陶土烟斗由此得以传播到英国，英国也成为欧洲烟斗史上历史最为悠久的国家。

1590 年前后，烟草经英国传播到荷兰并很快盛极一时。1561 年有人将烟草种子敬献给罗马教皇，随后这些种子被种植在梵蒂冈的庭园里。17 世纪初，英国人、土耳其人和德国人将烟草传播到俄罗斯。而前面提到的 30 年欧洲战争使得吸烟风靡于中欧的德国、奥地利以及北欧的瑞典等国。

1580 年前后烟草经由英国传播到土耳其，之后由土耳其传播到波斯，在波斯出现了吸水烟的习俗。这种习俗从阿富汗经由巴基斯坦，最终传播到印度和中国。

16 世纪后半期，葡萄牙人将烟草带到非洲西海岸、非洲东北部和阿拉伯一带，荷兰人将烟草传播到非洲南部一带。最初人们种的是黄花烟草，后来又开始种植普通烟草。1660 年之前，在马达加斯加及非洲东海岸一带也曾种植过普通烟草。

接下来说一说烟草在东方的传播。最早是西班牙人穿越太平洋，于 1575 年左右将吸烟的习俗带到菲律宾，之后传播到新几内亚和澳大利亚最北端的约克角半岛一带。其后，英国人于 1787 年将烟草带到澳大利亚的其他地区，之后于 1814 年将其传播到新西兰。

16 世纪末葡萄牙人将吸烟的习俗带到印度，起初是水烟，之后是“印度手卷烟”，关于印度手卷烟，我在后面还会提到。

葡萄牙人与荷兰人于 1601 年将烟草传播到爪哇岛，1613 年烟草传播到西里伯斯岛。1610 年烟草开始在锡兰岛种植。

葡萄牙人与西班牙人于 1590 年前后将吸烟习俗带到日本九州。1600 年前后，各种各样的烟草种子被带到指宿（日本鹿儿岛县）、长崎、平户等地。

关于烟草在中国的传播，我会在后面做详细介绍。有一点需要了解的是，在欧洲被分割成的南北两条传播路线与途经太平洋的传播路线在中国合流为一体。

烟叶与烟制品

问：我听说过“烤烟”这个说法，能解释一下吗？

答：是的，烟草的种类有很多，这里说明一下。

根据各地的气候及土壤条件的不同，并且结合当地人的喜好、产品样式、利用方式等特点，源自南美的烟草在外观、气味等方面分化出多种多样的类型。

今天，烟草主要分成烤烟、白肋烟、香料烟、雪茄烟和各地传统烟叶几大类。另外根据调制方法的不同，可以分为晾烟（阴干干燥）、晒烟（日照干燥）、烧烟（加热干燥）、烤烟、熏烟等。

烤烟是利用火力将烟叶烘干使之变成黄色。在19世纪上半期的美国，由于烤房的温度过高而使烟叶变黄，由此产生该品种。因为该品种含糖量高，吸味醇和，成为制作香烟的主要原料。

白肋烟是19世纪中叶在美国发现的突变品种，属于晾烟。由于它具有较强的吸收性和燃烧性，被当作制作卷烟的辅助原料。

香料烟，是在东方栽培、具有独特香气的品种，也被用来制作卷烟。

雪茄烟，顾名思义，是用来制作雪茄的烟叶原料，一般堆积发酵后使用。

各地传统烟叶指得是在各地单独栽培的烟草，其品种、特色、用途也是多种多样的。

问：我在印度尼西亚看到过嚼烟，在这里帮我们复习一下各种吸烟方式吧。

答：吸烟方式有很多种，大体分为吸、嗅、嚼几种。在哥伦布发现新大陆之前，这些吸烟方式就已经出现了。之后结合世界各地的文化，在这几种方式的基础上又衍生出独具特色的多种吸烟方式，并根植于我们的生活当中。

今天，香烟已经成为世界烟文化的代表。香烟出现于18世纪中期，历史不算久远。在19世纪中期的克里米亚战争中，士兵们用包火药的纸卷上大炮火药当成烟来吸，之后这种吸食方式广泛普及开来。香烟中包括英式卷烟、美式混合型卷烟、香料烟、黑色烟、薄荷烟、掺杂朝鲜人参或中草药的类型等。“印度手卷烟”则是把烟叶弄碎后用象牙树的叶子卷起来，是印度的传统香烟。

“手卷烟”是用卷纸、玉米苞叶或报纸将烟丝卷起来，在世界随处可见它的影子。“莫合烟”起源于俄罗斯，它是将黄花烟的烟叶撮成烟粒后用报纸等卷起来。

叶卷雪茄和方头雪茄都是将发酵后的烟叶卷起来。古巴的香蕉叶、菲律宾的马尼拉叶都是上等的卷烟叶。世界各地都可以看到方头雪茄。

斗烟和管烟是以吸烟工具命名的。“烟袋”这个词来自柬埔寨语，因此它是东南亚风格的。借助水吸烟的“水烟”也分成很多种类。

嚼烟是将切好的烟叶放在嘴中品尝的烟制品。东南亚人习惯在烟叶中掺入槟榔或石灰后用蒌叶包裹。

鼻烟是将烟叶磨成粉后用鼻子闻的烟制品，曾经在欧洲及中国盛行一时。今天的欧美、印度、中国等部分地区还有吸鼻烟的习俗。

问：花烟草看上去很漂亮，它也属于烟草吗？

答：是的。这里我将烟草的用途总结为以下10条。据此您会发现烟草与我们的日常生活有着千丝万缕的联系。

1. **个人嗜好**　烟是当今世界的嗜好品之一。除吸烟外，另有鼻烟、嚼烟等多种吸食方式。

2. **商品交易**　烟草是一种很重要的变卖作物，几乎在世界所有国家都有种植。产于美国的烟叶以其独特的香、味远销世界各地，并在商品交易中发挥了很大的作用。

3. **祭祀仪式**　烟草曾经是新大陆祭祀仪式上的重要元素。而在旧大陆的蒙古国，鼻烟在接待客人和结婚典礼上也是不可或缺的。

4. **施行巫术**　新大陆人在做祷告或念咒时，经常会吸烟或将烟熬成水喝。他们认为这样就可以将巫师的灵魂送到天上去找寻病人的灵魂。

5. **药用**　新大陆人将烟用作治疗外伤、肿瘤、梅毒、咳嗽、头痛、风湿、消化不良以及被毒蛇或毒虫咬伤等，熬成汁后的烟草还被应用于灌肠。当时的欧洲人也深信万能的烟草能治愈霍乱。

6. 消除疲劳、抑制饥饿　澳大利亚土著中流行用野生烟草制作嚼烟，就是很好的例子。

7. 货币职能　例如，南洋群岛的土人——美拉尼西亚人习惯将烟当作货币使用。战时，应军队需求，烟草专卖局曾经制造过美拉尼西亚烟。

8. 观赏　烟草属植物也可以用于观赏。代表性的有由原产巴西的野生烟草培育出的园艺品种——花烟草，其花色有红、白、粉、黄、绿、紫等多种颜色。

9. 提炼化学物质　农业上用的硫酸烟碱、用于治疗心脏病的重要药物——辅酶 Q10，都是从废弃的烟叶中提炼出来的。

10. 研究价值　野生心叶烟（*N. glutinosa*）在鉴定植物病毒方面有很大作用。在生物工艺学领域，烟草属植物也可以用于多种鉴定试验。这一点想必您也知道。

问：谢谢您，让我学到了很多知识。接下来该谈谈中国的烟草了。我没有去过中国，所以不太了解，中国烟也很复杂吧？

答：中国烟的确丰富多彩，不过我慢慢地讲一讲你就会明白了。因为我们会用到很多中文的叫法，所以在这里先说一说中国烟的分类：

1. 卷烟（“香烟”、“纸烟”、“卷纸儿烟”）；2. 斗烟（“板烟”、“杂拌烟”）；3. 烟丝（“丝烟”）；4. 叶卷烟（“雪茄烟”）；5. 水烟（可以归为“斗烟”的一种，水烟以外的斗烟被称为“旱烟”）；6. 鼻烟；7. 莫合烟（“马合烟”，有时也被看作卷烟的一种）；8. 嚼烟。

这里值得注意的是，中文里有“烟”、“煙”、“菸”、“蔫”等多种写法，本书中则是沿袭文献及各个出处中原有的写法。另外，书中提到的受访人的工作单位和职务都是受访时的信息。下面我们就谈一谈中国的烟草。

第一章　中国人与烟

一、中国起源说

烟是在明朝万历年间（1573—1620）传到中国的，但是也有一种说法认为烟草起源于中国。在这种说法背后，我感受到中国学者文人的“大国思想”和“戏说心理”，值得我们考究。

孔明与烟的传说

三国时期，诸葛亮与孟获交战。孟获当时是一个彝族部落（今天的云南省曲靖市）的首领，在与孔明的交战中七战七败。孟获每次被孔明俘虏后接着又被放回，最终他成为孔明的部下，两人还成为朋友。

据传，双方交战期间，孔明走访一些山沟村落，发现军营里瘴气（诱发高烧的一种病毒）弥漫，士兵不安于生。他询问当地人后，弄了些“九叶云香草”，这种草散发出的独特香气杀灭了瘴毒。之后孔明便派人采来这种草分发给战士，让他们将其点燃后吸食其烟气，结果全部得到治愈。这就是水烟的起源。后来，该草被种植在甘肃省皋兰一带。农民代代种植，商人开始不断收购销售，水烟贸易由此兴起。

类似的故事在山东兖州、河南邓县以及安徽、云南、贵州、四川、陕西等省份均有流传。

湖南省西北部的土家族和苗族地区流传“烟源歌”，说的是三国时代的孔明在征伐南蛮时，大败率军抗击的孟获，并将其追逼到一个银矿洞里。之后孔明叫人点燃枯草干叶向洞内放烟，最后将孟获熏出洞外。那些发挥关键作用的金黄色叶子，正是烟叶。

另外，在“与烟草有关的民间传说”（参见第46页）一节中引用的很多传说都是围绕烟草起源于中国展开的。

从古书中得出的推论

据清代《烟草谱》记载，南北朝时期（420—589）中国就已经有烟了，甚至还有一种说法认为烟起源于周朝。

唐代诗歌中也出现了“相思若烟草”的诗句。赵翼《陔馀丛考》一书中认为：“唐诗云，相思若烟草，似唐时已有服之者。”

另外，唐代也有用“烟剂”治疗哮喘的记载。《外台秘要方》一书，在治疗哮喘一项里有吸“药烟”的描述：

> 款冬烟自从筒出，则口含筒吸取烟咽之，吸烟使尽之。

唐代之后的宋代也有关于烟的记载。《太平广记》一书的描述为：“有僧曰，世尊曾言，山中有斝（‘斝’意为‘玉制杯器’，夏家骏教授认为该字为‘草’字的误写），燃烟啖之，可以解倦。”

我的朋友、中国政法大学夏家骏教授以生长在中国的野烟和一些古文献为依据，极力主张中国起源说。在我看来，他提供的那些照片上的植物并不是烟草属植物。

蒙古起源说

近年发现的壁画《昭君出塞》图上，在匈奴迎娶王昭君的使臣中，有一随员背着一个大烟袋及装烟草的袋囊。昭君是西汉末年人，奉命出塞，远嫁匈奴呼韩邪单于。这说明，距今2000年前的匈奴已有吸烟的习惯。

蒙古起源说认为，烟草原产于蒙古，在欧洲传来烟草之前，烟草已经由蒙古传播到中国。《中国烟草史话》（轻工业出版社，1993年）一书认为，在距今约15000—20000年前，居住在今天外蒙古一带的古蒙古人穿越白令海峡，将烟草及吸烟习惯带到美洲大陆。之后烟草被欧洲人带回欧洲，最后绕道一周传回中国。这种说法主要依据黄花烟更适宜在寒冷地区生长这一条件。也就是说是古蒙古人将黄花烟带到了美洲，普通烟是由黄花烟变异而来的。

台湾起源说

也有人认为烟草起源于台湾。其依据是已出土的烟斗文物，包括在花莲、台东地区少数民族遗迹中出土的土制、石制烟斗，以及宜兰农林学校遗址中出土的石制和陶制烟斗。其中的很多烟斗被认为出现于距今700—800年，甚至1000年前，比中国起源说里提到的明代万历时期还要早。

台湾省东南部有一个名为兰屿的孤岛，过去被称为

“烟之岛”。台湾当地还有一些与烟草有关的民间传说（参见第54—58页），这些都为台湾起源说提供了论据。

二、中国皇帝与烟

烟草和吸烟习俗传播到中国后，众皇帝中既出现了几位烟民，也出现了几位厌恶抽烟的。可以肯定的是，权大无比的皇帝对烟的好恶，对烟的发展影响很大。

明朝崇祯帝

明朝最后一位皇帝——崇祯帝（1628—1644年在位）或许已经预感到明朝即将灭亡，非常讨厌“吃烟”的字眼，并于1639年推出禁烟令，规定凡是吸烟者一律判处死刑。因“烟”与“燕”（今天的北京）同音，“吃燕”意味着京都“燕”的陷落。

尽管如此，民间吸烟的习惯日益兴盛，私种、私卖和偷吸的现象普遍存在。

崇祯帝的禁烟令并未取得成功，最终他不得不解除禁令，并允许民间种植和商人贩运烟草。

清太宗（皇太极）

清太祖（努尔哈赤）之后继位的清太宗对禁烟持两种态度。其禁烟令只禁百姓不禁贵族。

有一次，一位大臣进谏说："若欲禁止用烟，当自臣等始。"清太宗则回答："不然，诸贝勒虽用，小民岂可效之。……朕所以禁止用烟者，或有穷乏之家，其仆人皆穷乏无衣，犹买烟自用，故禁之耳。"（大意是：老百姓不应效仿王公贵族吸烟。朕之所以禁止吸烟，是因为看到有的穷乏之家连衣服都没得穿，却还要想尽办法找钱买烟来抽，所以一定要禁止。）

清太宗因担心财货外流，就禁止朝鲜边境的烟草进口贸易。

1639年（崇德四年），清太宗下令禁止种烟，并规定惩治办法："丹白桂（烟草）一事，不许栽种，不许吃卖……若复抗违，被人捉获，定以贼盗论：枷号八日，游示八门，除鞭挞穿耳外，仍罚银九两，赏给捉获之人。倘有先见者徇情不捉，被后人捉获，定将先见者并犯者一例问罪。若有栽种丹白桂者，该管牛禄章京及封得拨什库纵不知情，亦必问以应得之罪……有奴仆出首主人果系情真，首者断出。”（大意是：不许种植、吸食和买卖烟草。若有人违抗被抓获，便定为贼盗，并给予处罚：绑枷八日，游示八门，鞭挞贯耳。同时，还要罚银九两，赏给捉获他的人。倘有人发现他人吸烟却徇私舞弊，吸烟者而后被他人抓获，将徇私舞弊者一并问罪。若有官吏不知所管辖地区内有人种烟，也要问罪。奴仆告发主人，如情况属实，准许离其主。）

然而，清太宗的禁烟之举，实际上事与愿违。此时吸烟之风已在各地蔓延，势不可挡，再加上当时禁烟政策往往是禁下不禁上，王公贵族中吸烟者照吸，民间种烟者照种，而种烟售烟获利甚丰，农民轻法重利，继续经营此业，因此禁烟令并没有取得任何实际效果。

经过数年禁烟，民间百姓并没有停止吸烟和种烟。晚年的清太宗终于开始明白他所定的一系列禁烟政策早已行不通，因此不得不开禁。

据蒋良骥的《清实录》记载，1641 年（崇德六年）清太宗说：“我国武功首重习射；不习射之罪，非用烟可比。……至于射艺，切不可荒废。”

《东华录》一书这样记载：“前所定禁烟之令，其种者用者，屡行申饬，近见大臣等犹然用之，以致小民效尤不止，故行开禁。凡欲用烟者，惟许人自种而用之，若出边货买者处死。”（大意是：之前所制定的禁烟令，一再警告那些种烟吸食者。近来发现大臣们仍然吸食不止，百姓也纷纷效尤，因此宣布开禁。今后批准自种自用，私贩烟草者以死刑论处。）

可以说，清太宗从禁烟到解禁，撞了南墙即回头，可谓识时务者。

康熙

清圣祖康熙（1662—1722 年在位）不吸烟，也不喜欢别人抽烟。但是他对鼻烟及鼻烟壶很感兴趣，极大地促进了鼻烟壶艺术的发展。

徐珂在《清稗类钞》一书中这样写道：“圣祖不饮酒，尤恶吃烟。溧阳史文靖、海宁陈文简两公，酷嗜淡巴菰，不能释手。圣祖南巡，驻跸德州，闻二人之嗜也，特赐水晶烟管以讽之。偶呼吸，火焰上升，爆及唇际，二公惧而不敢用。遂传旨禁天下吃烟。”（大意是：康熙皇帝从不饮酒，也厌恶抽烟。然而在他周围的大臣中，如文渊阁大学士兼礼部尚书陈元龙及吏部尚书史贻直却嗜烟如命，成天烟袋不离手。康熙打算让两人把烟戒掉。一次，康熙去江南巡视，史、陈两人随行，行到山东德州暂住，康熙当面赏赐两人各一支水晶杆的烟管，并让他俩当众抽吸。两人不知康熙的真正用意，还有些受宠若惊，马上点烟抽起来。谁知刚一用力吸，隔着透明的烟杆清楚地看到了火星顺烟杆直往上冒，噼啪作响，烧掉了胡须，嘴唇也燎起了泡。史、陈二人到这时才明白康熙的真正用意，并从此戒了烟。此后，康熙下禁烟令。）

李调元《淡墨录》一书中也有类似的记载："康熙到德州，传旨：朕生平不好酒，最可恶是用烟。每见诸臣私在巡抚帐房中吃烟，真可厌恶。不惟朕不用，列圣俱不用也。故朕厌恶吃烟者。"

另一方面，康熙皇帝对鼻烟和鼻烟壶有着独特的喜好。他是个很重视学习西方科学技术的皇帝，对来自欧洲的传教士十分重用，并委他们在宫中任职。康熙帝学会吸闻鼻烟很可能同这种交往有关。

1684 年（康熙二十三年），康熙第一次南巡到南京时，接见了欧洲传教士。对方送他礼物时，他婉言谢绝了其他礼品，唯独留下了鼻烟。康熙帝还非常喜爱产自法国的珐琅器皿，并通过传教士邀请法国珐琅匠师来宫廷造办处传授技艺，生产画珐琅鼻烟壶。

康熙年间，宫廷造办处的规模日益扩大，其下设玉作坊、珐琅作坊、牙作坊、漆作坊、玻璃作坊等 14 个作坊。这些都是制作皇室御用品的综合手工艺作坊，也是皇室鼻烟壶的制作基地。臣下和外国使节们经常将鼻烟和鼻烟壶进贡给康熙皇帝，康熙帝则将御制鼻烟壶赏赐给心腹大臣和外国使节。可以说中国鼻烟壶艺术的发展与康熙皇帝对鼻烟壶的热爱有着极大的关系。

雍正

继康熙皇帝之后的清世宗雍正帝（1723—1735 年在位）也是一位不吸烟的帝王，但是他传承了先父康熙帝对鼻烟和鼻烟壶的热爱。

雍正八年的文书中有雍正帝命令臣下调配鼻烟的记录。另外他对鼻烟壶也相当有造诣，曾下旨为其烧制鼻烟壶，并亲定式样。

雍正帝对黑色情有独钟。那个时期的鼻烟壶多用黑釉做底，或用黑色勾勒，落款也多用黑釉，艺术风格十分独特。

为了进一步提高鼻烟壶的制作工艺，雍正帝不惜耗费重金。例如，1730 年（雍正八年），画珐琅《飞鸣食宿雁》鼻烟壶制好了，雍正帝爱不释手，随即赏赐画稿人谭荣、烧制者邓八格每人白银 20 两，赏其他制造人员每人白银 10 两或 5 两不等，一次赏银竟达 130 多两。

然而，陈琮《烟草谱》一书记载 1727 年有一道上谕："至于烟叶一种，于人生日用毫无裨益，而种植必择肥饶善地，尤为妨农之甚者也。惟在良有司谆切劝谕，俾小民豁然醒悟。"（大意：烟叶这东西与老百姓的日常生活毫无裨益，种烟又必须选择肥饶的良田，这样对农业就更为不利。要做好百姓的工作，告诉他们只有种植粮食才是事关身命的大事。）

可以看出，雍正皇帝在多方面考察种烟之后，担心种烟会影响粮食作物的生产。

乾隆

清高宗乾隆帝在位长达 60 年（1736—1795），是历史上为数不多的长寿皇帝。乾隆继承了康熙与雍正对鼻烟壶的热爱，促进了鼻烟壶艺术的发展。

清代末期李伯元的《南亭笔记》一书中记载了这位皇帝对烟的嗜好："北京达官嗜淡巴菰者十而八九，乾隆嗜此尤酷，至于寝馈不离。后无故患咳，太医曰：'是病在肺，遘厉者淡巴菰也。'诏内侍不复进，未几病良已。遂痛恶之。戒臣僚勿食，著为训。"（大意：北京的达官贵人十之八九嗜烟。乾隆皇帝则是个超一流的嗜烟者，连吃饭、睡觉时都烟不离口。后来，乾隆无缘无故地咳嗽，太医诊断说：是肺生了病，原因是烟抽多了。乾隆得知病因之后，于是命令内侍从此不再安排他抽烟。过了一段时间，他的咳嗽也就不治而愈了。于是他不再喜欢吸烟，并告诫臣下引以为戒。）

然而其他史料中并未发现类似记载。李伯元生活的年代与乾隆时代相距 100 年，我们无从考证这个记载的出处。

乾隆帝继位后，朝廷大臣之间就种烟吸烟问题展开过激烈辩论。1743 年（乾隆八年）讨论种烟问题时，乾隆的态度是模棱两可的。最终他不得不承认种烟和吸烟业已兴盛的既成事实，采取较为折中的禁烟措施——"占用耕地种烟，向来有例禁。惟城堡内闲隙之地可以听其种植，城外畸零菜圃愿分种者也可不受禁例限制，其野外山隰土田，阡陌相连，一概不准种烟。”（大意：向来全面禁止在肥沃的田地里种植烟草。除城内隙地与城外近城畸零菜圃地外，野外阡陌相连大片田土处，一概不许种烟。）

乾隆自己对禁烟采取未置可否的态度，到了晚年对烟草的态度却变得开明。1795年他在云南巡抚江之兰上奏疏中有一段批示：“民间酿酒种烟等事，所在皆有，势难禁止。从前科道中曾有条陈禁止种烟者，以其不达事体交部议处。”

乾隆的宠臣纪昀（1724—1805）曾主持编纂《四库全书》，是一位学识卓越的大人物。他嗜烟如命，烟量惊人，是历史上有名的“纪大烟袋”。乾隆曾将自己用过的鼻烟壶和一个烟斗赐予纪昀，由此可见乾隆对纪昀吸烟的支持。

在《南亭笔记》中有一段关于纪晓岚吸烟的记载，文章大意是：

身为翰林的纪晓岚非常喜欢吸烟。他根本不把乾隆的禁烟令放在眼里，依然我行我素，装满一大烟袋的烟丝来吸。一天，纪晓岚手持大烟袋正在吞云吐雾，忽闻“圣上驾到”，便急忙将烟斗塞入靴中，匆匆迎驾。在向皇帝汇报时，烟斗在纪晓岚靴中仍燃着，时间一长，把衣服烧着了，冒出缕缕青烟。乾隆皇帝吃惊地问他何故，纪不敢回答，只是痛得眉头紧锁。乾隆将信将疑，命令侍从搜身，发现了靴子里的烟袋。脱下靴子时，发现烟丝还没有烧尽。乾隆笑着说："吸烟事小，烧及肌肤实在令人恐惧。"乾隆帝命令纪晓岚"作文状罪"，纪立刻写下"裤焚，帝退朝曰：'伤胫乎？'不问斗"的句子。乾隆大笑，赐纪一个大烟斗，特许他以后在本院吸烟。诸臣直呼万岁，一时传为佳话。（原文：文达纪昀深嗜之，时为翰林，独不奉诏，端居无俚，以大满斗贮烟丝，张口恣啖，不复顾恤。报上至，天威咫尺，急切不能掩，皇遽无所为计，匿烟斗靴页中。诸臣奏对，阅时且久。俄有烟缕缕然自纪袍际出，异，诘之，不敢答。惟攒眉颦蹙而已，帝疑有变，命内侍搜之，袍穷而烟斗见，去靴，周视无它物，盖斗中余烬为灾也。帝笑曰："嗜好之于人，其害足以焚身、剥肤，可惧哉！"命作文状罪以自赎。纪援笔立就，有"裤焚，帝退朝曰：'伤胫乎？不问斗。'"之句。帝大笑，赐斗一枚，准其在馆吸食。诸臣皆呼万岁。当时传为佳话。）

清朝的禁烟政策从乾隆时期开始发生了实质性的转变。

嘉庆

清仁宗嘉庆帝（1796—1820年在位）是否吸烟我们无从考证。但是，可以肯定的是嘉庆年间政府对民间种烟和吸烟已不再沿用前朝的禁例予以干涉。但当时上至朝廷下至百姓也时有禁烟的呼声。

1799年（嘉庆四年）江苏监生（国子监学生）周砎呈奏折二件，其中一条为“请广农田”，主张将种烟地亩改为种五谷。他在奏折中说：

“今之农田既已悉种无余，惟以世俗尚烟草，遂种烟者连亘阡陌，请种烟地亩改种五谷，违者许该地军民拔弃，犯者治罪，诸色人食烟及商贩、开烟铺并食烟器具一切禁止，贩者与前罪等。”

嘉庆命军机大臣核议，核议的结论是——“查树艺五谷农田为重，然民间食烟习非一日，所种之地，不过农田千百之一二，不足以伤农。且以不屑禁止之事琐琐烦扰，徒属无谓，应毋庸议。”

嘉庆阅此驳奏后，驳回了周砎的呈奏。这表明他继承了乾隆晚期开放烟禁的思想，也标志着清政府对于烟草政策确实有了根本的转变。

晚清的宫廷

随着吸烟风气的盛行，民间吸烟之风不断吹进紫禁城，烟草逐渐成为皇上和皇族成员的嗜好之物。到了晚清，宫廷内外的吸烟情景似乎没有什么两样了。

光绪皇帝每天早晨起床后要闻鼻烟。《清稗类钞》一书中记载了光绪（1875—1908年在位）嗜烟嗜茶的情景：

> 德宗嗜茶，晨兴，必尽一巨瓯，其次闻鼻烟少许，然后诣孝钦后宫行请安礼。

光绪不仅嗜鼻烟，而且吸水烟。岳超在1962年写的回忆录《庚子—辛丑随銮纪实》中描述了1900年（光绪二十六年）8月15日光绪被八国联军赶出紫禁城时手执烟袋的凄苦情景：

> 光绪着青洋绉大褂，手携一赤金水烟袋，神色沮丧，盖国运隆替，自身安危，复不可测……

慈禧太后偕光绪逃至西安后，西安知府胡延任内廷支应局督办，每日可见慈禧，写了《长安宫词》100首。其中有一首是咏鼻烟壶的，题曰："辛家料烟壶"，诗是这样写的：

> 草草穿成八百珠，朝冠一样伴珊瑚，
> 探囊幸有辛家料，未必千金值一壶。

辛家料是当年鼻烟壶中的佼佼者。诗末附小注说：

> 皇上言：出宫时竟未携有烟壶。适相国囊中贮有二壶，系自都携出者，立以进御。近年辛家皮料价昂贵，都中豪富争购之，有以千金买一壶者。

慈禧太后也是用烟的，不然光绪绝对不敢吸烟。东陵（北京城以东125公里处）出土的文物中就有光绪皇帝用过的烟具。慈禧的随葬物品中有铜水烟袋、银水烟袋和银潮水烟袋。

初进宫的小太监首先要学会侍候主人吸烟。马德清等在《清宫太监回忆录》对此有这样的描述：

比如主子吸水烟的时候，你得跪在地上，把仙鹤腿水烟袋，用手握紧，小水烟袋你得站着捧在手里，随时装烟，吹纸媒儿。你得掌握好点火的时间。这件事不经过长时间的留心观察是做不好的。用不着主子吩咐，到时候就准备好，捧上去。那时候清宫里的主子抽水烟、旱烟成了生活中的常事。一般是饭后抽水烟，平时抽旱烟。

载涛是宣统帝的父亲载沣的胞弟，他在《清末贵族之生活》一书中对贵族嗜烟情景有细致的描述：

平日消遣，计分烟、茶两项，为一般最普通之嗜好。烟分水、旱、潮三种及鼻烟。

水烟：用铜水烟袋，以兰州皮丝等燃吸之。

旱烟：吸关东烟叶，用乌木杆，杆下安铜锅，其烟袋嘴则翡翠、白玉、象牙皆可。亲友相见，可互敬吸食，且观摩烟袋嘴之品质而欣赏之。

潮烟：烟袋杆较旱烟袋为长，铜锅亦较小，用切细之烟丝，稍以水润湿。北京人呼湿为潮，故名曰潮烟。

此唯妇女吸食之，烟袋荷包即系于木杆之上。

鼻烟：其烟料为舶来品，分金花、素罐两项，烟味各殊，怕潮怕干，不易收藏。用时以手指撮少许而鼻吸之。其装烟之器名鼻烟壶、鼻烟碟。

晚清宫廷烟景之繁盛，以上仅为一斑。

三、近代的嗜烟名人

鲁迅

“中夜鸡鸣风雨集，起然烟卷觉新凉。”这是《秋夜偶成》一诗的最后两句。可以想象当时的鲁迅辗转难眠，于是他点燃烟卷，起坐听风。这是54岁的鲁迅在1934年9月末创作的作品。当时中国处在国共两党分裂和抗日战争的动荡时期，鲁迅身处国民党镇压的险境中。不知道他在那些燃起的烟火中看到的是自己思想的火花，还是中国光明的未来，抑或是借助秋夜吹拂的凉风使自己的思维更加清晰呢?

鲁迅是中国伟大的革命家、思想家和作家，也是一位嗜烟如命的人。生活一贯俭朴的他常常吸便宜的卷烟。但他重礼重客，将高级卷烟留给客人们抽。他经常与同样嗜烟的知己瞿秋白一边吸烟一边讨论时局和文坛，据说鲁迅自己吸卷烟，而让瞿秋白吸烟斗。

鲁迅在仙台医专学习时就已经有很重的烟瘾了。仙台博物馆里珍藏有“鲁迅之碑”，碑上的四个大字是由作家兼政治家郭沫若题写的。碑首为直径一米的圆形浮雕，镶嵌着鲁迅先生手持香烟的图案。

他当年的一位同班同学这样说：“他很喜欢吸烟，有空就一口一口地吸着‘百合’牌香烟，还经常从口袋里掏出来问我们吸不吸。”

《藤野先生》是鲁迅在仙台医专学习时创作的，是一部表明其正式弃医从文的作品。文章结尾这样写道：

> ……我忽又良心发现，而且增加了勇气了，于是点上一枝烟，再继续写些为“正人君子”之流所谓深恶痛疾的文字。（竹内好译：《鲁迅全集》）

在短篇小说《在酒楼上》中有 7 处描写吸烟的情景。

一处发生在镇上一家名为“一石居”的酒楼里，主人公“我”意外地遇见了旧同窗，也是做教员时代的旧同事、反封建人士吕纬甫。“我”向这位消沉颓唐的朋友询问别后的景况。“他从衣袋里掏出一支烟卷来，点了火衔在嘴里，看着喷出的烟雾，沉思似地说……”（出处同上）

饮酒过后朋友开始诉说起这次回乡的目的。一是给小弟迁坟，一是为了给阿顺送剪绒花。其中，烟在描写人物心理方面起了重要作用。付账时，朋友“只向我看了一眼，便吸烟，听凭我付了账”。（出处同上）

毛泽东

据说青年毛泽东赴京求学时，因生活窘迫，寒冬腊月常常靠抽烟和吃辣椒取暖。他在 20 世纪 30 年代的长征途中，甚至以树叶干草代替烟草。

1945 年 8 月，毛泽东与蒋介石在重庆谈判，蒋介石邀请毛泽东在长江对岸的黄山官邸住一两天。其间，在第十次会谈过后，蒋介石对秘书说：“毛泽东此人不可轻视。他嗜烟如命，手执一缕，绵绵不断，据说每天要抽一听 (50 支装）。但他知道我不吸烟后，在同我谈话期间，竟绝不抽一支。对他的决心和精神，不可小视。”

为了控制烟量，毛泽东常常将一支烟折成两截，只把半截烟插到烟袋嘴上燃吸。有一次身边人问他：“主席，您为啥把烟掰两半呀？”毛泽东回答：“事物是一分为二的么。”提问者恍然大悟，这个回答的确很巧妙。1964 年夏，中国哲学界展开一场关于事物发展的根本原则究竟是“一分为二”还是“合二为一”的讨论。“合二为一”指的是将两者合为一个整体。同年 8 月，中国共产党决定坚持“一分为二”的思想路线。

当时，毛主席吸的是在严格管理下秘制的“132”特供雪茄烟。据说“132”特供烟由全国名烟产地——四川省什邡市的一个卷烟厂提供，全部用手工卷制。之后，1971 年经周恩来总理指示，卷烟厂举迁北京，特供烟一直制造至 1976 年毛泽东逝世。

最后一则故事发生于 1958 年 8 月 7 日毛主席考察河南省襄城县种烟区时。

上午 8 点过后，毛泽东的视察车队在一望无际、丰收在望的烟田旁徐徐停下。他手持烟叶，向烟农询问了烟叶的栽培管理、收获及烤烟技术后，点燃一支“中华”烟边吸边走，问当地专员王延太："你们的烟叶好，还是山东潍县的好？你们比较了没有？"王延太回答："现在全国12个省烤烟会议正在这里召开。他们反映这里的烟叶长得不错。"毛主席满意地说："在你们这里开会，说明你们的烟叶好。"

走出烟田，毛泽东登上一道高坎，极目四望，只见烟田如织，毛主席对地区副书记马金铭说："你们这里成了'烟叶王国'了！"

邓小平

邓小平吸烟也是众所周知的。他吸的"熊猫"和"中南海"是只有中国高级官员才能吸到的高级名牌。

邓小平在会见外宾时，非常注意来访客人是否对烟气有无不适应感。

在会见菲律宾总统科拉松·阿基诺时，邓小平问阿基诺："我能抽烟吗？"阿基诺风趣地说："我不能对你说不能抽，因为我不是你这个国家的领导人。但在我们菲律宾，内阁开会时是不许抽烟的。"邓小平接着说："在七届人大的一次会议上，我违反了一个规则。我习惯地拿出一支香烟，一位代表递给我一张纸条，向我提出批评，我马上接受，没有办法。”说完，爽朗地笑了。

在接见挪威首相曼德廷斯时，得知这位客人不吸烟，会见期间就忍住不吸。

在接见日本众议院议员樱内义雄时，客人劝他："吸烟有害健康，最好戒掉。”他却笑着说："正因为我的健康很好才抽烟。听人说，抽烟还有很多好处呢！”

邮票中的吸烟形象

新中国成立后发行的邮票中有几位伟人吸烟的图案。

毛泽东：在1965年1月31日发行的《遵义会议三十周年》纪念邮票（全套3枚）中的《决战前夕》（图1）和《娄山关大捷》（图2）、1967年首次发行的“文化大革命”邮票

图1　决战前夕

图2　娄山关大捷

图3　毛主席在天安门上接见红卫兵

《毛主席万岁》（全套8枚）[1] 中的《毛主席在天安门上接见红卫兵》（图3）以及1993年发行的《毛泽东同志诞生100周年》纪念邮票（小型张）中，毛主席都手持着卷烟。遵义会议是中国共产党在红军长征途中于1935年1月在贵州遵义召开的一次会议，它确立了毛泽东在党和红军中的领导地位。

鲁迅：1981年发行的《鲁迅诞辰一百周年》邮票（全套2枚）中，其中一枚是《晚年时期的鲁迅》，邮票上鲁迅

---

[1]　原书标记的为5枚。——译者注

图 4　晚年时期的鲁迅

先生手挟卷烟，烟雾袅袅（图 4）。

王稼祥：1986 年发行的《王稼祥同志诞生八十周年》纪念邮票（全套 2 枚），其中一枚是《王稼祥同志在延安》。图案中的王稼祥右手握着旱烟斗。

李富春：1990 年发行《李富春同志诞生九十周年》纪念邮票（全套 2 枚）中，在题为《战争年代》的邮票上，李富春吸着香烟。王稼祥是新中国外交工作的领导人之一，李富春曾历任国务院副总理等职，两人都是中国共产党第一代革命领导人，在遵义会议上拥护毛泽东。

当然也有描绘普通百姓吸烟的邮票。1954 年发行的特种邮票《人民公社好》（全套 12 枚）中有一枚题为《敬

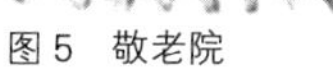
图5 敬老院

图6 学习

老院》，图案中一位农民满面喜悦、悠闲自得地抽着旱烟（图5）。1964年发行的特种邮票《知识青年在农村》（全套4枚）中有一枚题为《学习》。画面上，一位老农民手拿烟袋讲解烟草移栽知识，一位知青在旁边记着笔记（图6）。1976年发行的《五·七干校》纪念邮票（全套3枚）中有一枚题为《插队锻炼》，画面中间是一位手持烟袋、满脸微笑的老农，几位青年围着他（图7）。

台湾于1990年发行《故宫鼻烟壶》邮票（全套4枚），描绘了故宫博物院珍藏的四大精品鼻烟壶——竹节鼻烟壶、牡丹鼻烟壶、金珀鼻烟壶和白玉鼻烟壶。画面非常精美。

图 7　插队锻炼

四、与“烟草”有关的谚语

我在中国经常听到这样的谚语：“饭后一支烟，快活似神仙。”原本的说法是“饭后一筒烟”，后因香烟的普及而稍稍做了改动。

“早茶晚酒饭后烟”说的是：“早晨要喝茶，晚上要饮酒，饭后要吸烟。”

还有一种说法叫“烟酒不分家”，意思是“抽烟喝酒不必分清你我”。中国人喜欢向客人、朋友敬烟。

《中国农谚》（上）一书中记载了中国各地有关种烟方

面的谚语。从这些谚语可以看出，烟草种植已经在全国各地扎下了根。在郄晋申（时任外企服务公司汉语教师）的帮助下，我试着翻译了下面几句，发现翻译谚语非常难。如“烟怕淹，瓜怕刮”（山东省）的发音是“yān pà yān，guā pà guā”，意思是“烟不要被水浸泡，瓜不要被碰破皮”，其中的韵味实在翻译不出来。

清明谷雨四月天，赶种早秋莫迟慢；先种谷子和高粱，然后再种烟和棉。（河南省）

立夏忙种烟，烟叶长如鞭。（黑龙江省）

深栽茄子浅栽烟，想吃红薯地皮沾。（河北省）

烟栽叶，茄栽花。（辽宁省）

茄子栽花烟栽芽。（辽宁省）

茄子烟叶山药蛋，种了连茬饿死老汉。（河北省）

勤种烟叶，懒种茅草。（福建省）

种烟不要肥，只要墙头泥[1]。（福建省）

若要烟秧好，浇水压粪锄草不可少。（云南省）

前抓后刮，远抓近刮——黄烟的锄法。（山东省）

[1] 旧土房上的土和泥墙用的土，可以用作底肥和追肥。——译者注

黄烟打了心，锄锄出好色。（山东省）

黄烟打了头，锄锄膘性厚。（山东省）

苗烟打了头，松土膘性厚。（山东省）

处暑割线麻，白露割黄烟。（黑龙江省）

白露烟上架，秋分无生田。（黑龙江省）

寒露不收烟，霜打别怨天。（河南省、河北省、浙江省）

早晨不割烟，晌午不摘瓜。（安徽省）

瓜怕刮，烟怕淹，豆子就怕大水漫。（山东省）

烟是秋后草，就怕夹秋干。（安徽省）

五、与“烟草”有关的民间传说

王大与白花

相传在400多年以前的明朝末年，有一对患难夫妻，男名王大，女名白花，夫妻相亲相爱，过着清淡而简朴的生活。

就在他们住的村庄上有个大地主、大恶霸。他有个儿子绰号“山老鼠”，仗势欺人，酷爱女色。凡是方圆几十里以内，只要是他看得上的美女，不论是有夫之妇，或是青春少女，他都要削尖脑袋弄到手，因而不知道糟蹋了多少良家妇女，人们敢怒而不敢言。尽管他年不足三十，已占有八房妻妾，但他仍然兽性不改，为所欲为。

一天，“山老鼠”从白花门前路过，碰巧看见白花晒衣服，见她生得眉清目秀，花容月貌，当即垂涎三尺，忍不住走进院子里，嬉皮笑脸地说着甜言蜜语，两手就朝白花的身上摸来。白花手持菜刀奋力反抗，吓得“山老鼠”仓皇逃走。

没过三天，王大出门一连五天都没有回家。白花焦急万分，到处打听消息，正好又被“山老鼠”知道了，于是他吩咐众喽啰到处造谣说王大在某地掉到坑里跌死了。白花听到这一噩耗，犹如晴天霹雳，顿时觉得天旋地转，头昏目眩，哭得死去活来。就在这时，“山老鼠”又上门来了，他装着同情的样子，问这问那，并假惺惺地劝说白花跟他一起走。白花看透了“山老鼠”的心思，哭着大骂“山老鼠”。“山老鼠”威胁白花：“今天我再饶你一次，明天我还会再来的。”说完就回去了。白花心如针扎，想到丈夫刚刚惨死，尸骨未收，就受人家欺侮，今后日子怎么过呀。与其活着受人凌辱，不如一死为快，于是心一横，悬梁自尽了。

第二天一早，王大回来了，眼看白花已死，不免顿足捶胸，放声大哭，左邻右舍闻讯，也都为他流泪，但为何而死，谁也讲不清楚。在众人的劝说下总算把尸体装进了棺木，但既不准盖棺，也不准埋葬，就是一天眼睁睁地守着、看着。一天他伏在棺材上哭泣时，不知不觉进入了梦乡，他看见了白花，他高兴地搂着她说："我为你哭干了眼泪，以为你死了，哪晓得你还活着，真是虚惊一场。"于是他亲了又亲。白花说："我已经死了，也不能再活了，我的死是'山老鼠'逼死的，你现在不要再哭了，你现在身子虚弱有病。再过几天，棺材下面会长出一株小草来，你可以把它好好培管，待它长大以后，你可以摘下叶子，晒干，然后卷成长条，插进竹筒里，再用火点燃，只要吸几口烟子，你的病就会好的。同时你有这个草，以后还会遇到贵人的。"

白花说完，身子一晃不见了，王大一觉醒来。不几天，果然棺材底下长出一根小草。王大按照白花的吩咐去做，等叶子长大后，将其晒干，插在竹筒里点燃吸了几口烟子，果然心情舒畅，精神倍增，不几天就完全恢复了健康。

一天，王大听人说，如今皇帝娘娘死了，皇帝得了"相思病"，到处张榜求医，如有人能治好皇帝的病，赏一千两黄金。王大突然联想到自己的病，想到妻子梦中的嘱托，特别想到“今后遇贵人”后，茅塞顿开，决心鼓起勇气用小草烟子给皇帝治病。结果不出三天，皇帝的病全好了。皇帝问王大药是哪里来的，王大就一五一十地进行了诉说。皇帝又问：“现在你治好朕的病，朕要重赏你黄金千两，封万户侯，你意下如何？”王大回答：“禀皇上，我贫苦人家，既不想讨赏，也不想讨封，只求为白花申冤，为地方除害，给此草命名，为天下人治病。”皇帝大悦，当即传旨下达府县，将“山老鼠”问斩，同时命小草为“烟草”、“相思草”，并晓天下黎民百姓，广种烟草，推行吸烟。于是乎，到清代，就传遍了全国各地的每一个角落。(《中国烟草史话》)

乳娘阿秀

这是广西壮族自治区瑶族百姓中广泛流传的一个传说。

过去有一位瑶族姑娘名叫阿秀。她长得明眸皓齿，心地善良。但是她有一个缺陷，就是在嘴唇上长有一个又圆又大的乳房，走起路来乳房就会左右摇摆拍打到脸上。人们都习惯叫她“乳娘”。村里人经常说她的坏话，还嘲笑她，讽刺她。因为人们都不喜欢她，阿秀既痛苦悲观又心怀怨恨。她心想这辈子不可能有人喜欢她，于是发誓来世一定要得到人们的喜爱。就这样，在70岁生日过后阿秀怀恨死去。她死后，家人把她埋葬在半山腰上，大家渐渐把她淡忘了。三年后，她的坟墓上长出一种非木非草的东西，开出雪白和鲜红的花。大家都喜欢这种花。

一天，一位牧童赶着一头黑牛来到她的墓旁。黑牛将坟墓周围的青草吃了个精光，唯独没有吃这种长着大叶子的草。牧童感到很奇怪，就摘了几片叶子拿回家煮粥吃。谁料味道苦得没法吃，牧童只好吐出来漱了漱口。第二年冬天，牧童又一次赶着黑牛来到乳娘的墓旁。他无意中摘了几片这种草的叶子烧着玩，火光下散发出一种清香。牧童把叶子卷起来点火叼着吸了一口，发现香气十足。吸几口过后，牧童感觉神清气爽，疲劳顿消。于是他非常高兴，将卷好的叶子吸完后，取下叶尖上的花种，将它们撒在墓的四周。

第二年春天，坟墓四周长满了油亮油亮的叶子。牧童叫全村人都去吸。吸完后大家都感觉精神振奋，很是高兴。因为这种草点燃后会冒出大量的烟，人们给它起名为“烟草”。又因为这种草就是乳娘的化身，也有人管它叫“乳

草”。从此以后，世人都喜欢吸烟，就像乳娘生前所说的那样，她死后大家都喜欢上了她。（郑超雄著、丸山智大译：《中国の煙草の起源にまつわる伝説》）

汉族也流传有类似的传说。如黄河流域流传的潘小与陈姑的故事：

从前有个小孩叫潘小，同村有一个女孩叫陈姑。两人自小青梅竹马，长大后相亲相爱。不幸的是陈姑离开了人世，潘小为陈姑砌了个墓，日夜守候，不肯离去。陈姑便化作一棵烟草长在坟头上，并托梦给潘小，让他吸烟，为他赶走了忧愁。（出处同上）

东林郎的故事

这个故事主要流传于广西壮族自治区，特别是居住在红水河流域的壮族地区。据说，很多妈妈喜欢在寂静的夜里给孩子讲这个故事。

在很久很久以前，人们的生活很野蛮。村里死了老人，村民都赶过来分着吃死人的肉。今天我吃你父母的肉，明天你也会吃我逝去的父母的肉。更为过分的是，患重病的老人还在未咽气的时候，村民就会迫不及待地把他的肉割下来吃掉。不仅如此，一到节日，村里有很多人会把老人杀掉当作节日盛宴来享用。

村里有一个叫东林郎的孩子出生了。他出生后两个月，父亲患了重病被村里人吃掉了。母亲没有再嫁，一心一意抚养他，并且对他倍加疼爱。东林郎也很爱母亲，经常帮母亲做事情。他渐渐长大了，看到死去的老人被吃掉，就担心自己的母亲死后也会有同样的遭遇，因此他从来不去吃别人家的肉。他还暗暗下决心，决不让别人吃到自己母亲的肉。

母亲上了年纪，重病在床，村民们闻讯后拿着菜刀赶来。东林郎站在门口挡住不让他们进来。有人大声问："你母亲的病治不好了，为什么不让我们进去吃她的肉呢？"东林郎哭诉道："母亲死后我想把她埋在山里。我没有吃过你们母亲的肉，所以也不会让你们吃我母亲的肉。"还有人说："就算你没吃过别人的母亲的肉，你父亲和你爷爷都吃过别人的肉。"东林郎回答说："我父亲和我爷爷死了以后不是都被你们吃掉了吗？这样就扯平了。"这时，一位性情粗暴的人大声说："你母亲不是也吃过别人的肉吗？不让我们吃她的肉绝对不行。"东林郎回答说："能不能这样，我把家里的水牛宰了给你们吃吧。水牛的肉又多又好吃，用水牛的肉代替我母亲的肉好不好？"大家都说"好"，东林郎就把家里唯一的一头水牛牵来让大家瓜分了。

没过几天母亲就死去了。东林郎背着母亲爬上山，用土把母亲埋了。他日日夜夜在墓旁守着，担心村里的人不守约，到了夜里会把墓掘开吃母亲的肉。第六天夜里，母亲出现在东林郎的梦里，她说："你一个人守着我很寂寞吧？明天早晨我会化作坟头上的一棵草，这样不论是白天还是晚上我都可以跟你在一起了。"第二天早上，母亲的坟头果真长出一棵非木非草的植物，它的叶子宽厚肥大，绿得发亮。东林郎知道这是母亲的化身，拼命给它培土并拿清澈的泉水浇灌。过了几天，母亲再一次出现在东林郎的梦里。她说："尽管我现在化身为一棵草日夜陪伴着你，但是我们不能交流，还是不能为你排忧解难。明天你把草的叶子摘下来晾干，切碎了用叶子卷起来，点上火吸一吸。肯定会为你赶走寂寞的。"第二天，东林郎按母亲的意思照办。烟弥漫在嘴里，发出诱人的香气，一天的疲劳顿时消失。第49天的夜里，母亲又来到东林郎的梦里。她说："你真是个孝子，今天是你最后一天守墓，因为我的尸体已经腐烂。明天我会变成白花盛开在那棵草的上面。花里有很多种子，你把它们撒在这个山上，等到叶子繁茂的时候，分给大家吸。这样就等于大家吃了我的肉，我在天堂也可以安心了。"

东林郎请来全村人，让他们吸这种香气刺鼻的叶子，大家都很开心，把这种草命名为"烟草"。从那以后，大家喜欢吸烟草，再也不吃人肉了。（出处同上）

台湾地区的民间传说

与烟草起源有关的民间故事和传说在中国的台湾地区、韩国和日本的鹿儿岛县、爱媛县、兵库县等地也有流传。这里引用台湾阿美族、布农族和赛夏族的几则传说。

先来讲几则阿美族的传说。

从前，有一对非常要好的兄妹做起了夫妻。父母知道此事后非常生气，对他们破口大骂，两人都觉得生活无望，绝食数日，日渐消瘦。之后两人在家门前立了两根箭，并双双从房顶上跳下，箭穿透了身体，两人就这样死去了。

五六个月过后，哥哥死去的地方长出有叶筋的烟草，妹妹死去的地方长出无叶筋的圆叶烟草。（佐山融吉、大西吉涛：《生蕃伝説集》）

大概哥哥化身为普通烟草，妹妹化身为黄花烟草了吧。

从前有一位少女，不知何故，长大后没有一个人愿意娶她做妻。少女终日叹息，倍感寂寥。一天，她对父亲说："我天生命不好，也不可能活很久，好好看看我的脸，我死后每天都会给家里打水。如果在我的坟头上长出一棵无名草的话，把它挪到别的地方去。"父亲怒斥："不要说这么不吉利的话！"但是，几天之后，女儿突发急病，最终命归九泉。

父母非常难过，事已至此，只好哭着埋葬了女儿。第二天早上，母亲起床后发现水缸里盛满了清水。他们觉得这事很蹊跷，立刻赶到女儿的墓前一看，果真长出一棵无名草。父母很是惊讶，按照女儿的意思将这棵无名草挪到别的地方去，没想到这棵草的叶子自下往上渐渐变红，最终枯死掉了。

父亲摘下叶子用火点燃，空气中立刻散发出诱人的香味。卷起来点燃吸一口，香气妙不可言，他就让邻居们尝一尝。这事渐渐在村里传开了，越来越多的人来索要这种叶子，就这样无名草被传到其他村里。

坟头上长出烟草，水缸每天都是满满的，这些让父母觉得女儿说不定还活着。于是他们就派人跟自己一起到处寻找，可是怎么也找不到。于是决定干脆挖开坟墓看看是不是有尸体。他们用铁锹挖出很多骨头片，在确定女儿已死的事实后，他们为遗骨重新盖上土。据说之后水缸再也没有满过水。(出处同上)

还有一个类似的传说，不过主人公是一个男孩。备受父母疼爱的男孩突发急病而死。一年后，他的坟头上长出烟草。据说那是为了告慰在世的父母。

很久很久以前，有一位美丽的姑娘叫玛尔比干(marupiten)，她经常去一位叫玛尔比列克（marupiruku)的青年家里，两人约定了终身。然而，有一天玛尔比列克猝然病死，玛尔比干伤心过度，感觉生活无望，不顾伤心的母亲就自杀了。母亲吓得跑到女儿的尸体面前，痛苦地跺着脚说：“女儿死在我前头了。”最终不得不含泪将女儿埋葬了。

玛尔比干临终时对她的母亲说：“请恕女儿不孝之罪，

女儿死后五日，墓旁会长出奇异的香草，请母亲摘取后晒干，而后点燃吸食，其香味隽永，当有忘忧解劳之效。”五天后，墓旁果真长出一棵奇异的草，吸食后，有一种无以言表的快感。这种草就是烟草。

也有人说这种烟草是死在妻子前头的丈夫用以告慰妻子的化身。

接下来是布农族的传说。

从前，一群人坐在高山脚下的岩石上休息。他们一个劲儿地吸烟并向外吐烟圈。祖先们见此大为吃惊，走过去发现谁都不认识。他们只好好奇地问：“你们为什么能从嘴里吐出火呢？”这群人大笑道：“我们吸的不是火，是烟。需要先吸进去然后再吐出来的。”接着他们把烟袋递给祖先们：“吸这种东西会神清气爽，你们也吸吸吧。”

祖先们战战兢兢地接过烟袋吸了一口，闻到了一种妙不可言的香味，于是他们用捕获的猎物作为交换，将烟带了回去。(西野重利：《タバコの伝説と寓話》)

接下来讲一则赛夏族的传说。

从前有一个人正在为排遣寂寞吸着烟，时不时飞过来几只小虫子落在他的脸上。他用烟袋将虫子打落，烟斗上

的火星儿就粘在虫子的屁股上。从那以后人们管这种小虫子叫萤火虫。(出处同上)

烟钱

相传乾隆年间，一个偏僻的村庄里，住着一对膝下无嗣的老年夫妇，终年辛勤劳动，勉强可以维持着不愁吃穿的温饱生活。可是老头子因没有人继承家业，一直抱着“今朝有酒今朝醉，哪管明日是与非”的思想情绪，酷爱烟酒，而且瘾越吃越大。为此，老两口没少拌嘴。可是当老头子发火怒吼“你嫁我几十年，屁也没放过（指未生小孩)，老头子不吃干什么”的时候，老婆子又只好忍气吞声，暗自叹息，担心万一碰到天灾人祸，平时不积攒、节省点，今后日子怎么过呀。想来想去，突然想起了一个不伤和气的办法，就是“你吃我留”，你老头子称斤烟，我留斤烟钱，你买斤酒，我留斤酒钱，你明里买，我暗里留。

转眼到了春节，老头子高兴地说：“今年是我七十大寿，我们要办得红火点，你说如何？”老婆子说：“好是好，只看钱包同意不。”她取出钱袋一看，空空如也，就说：“我们用什么过年，什么也没有了。”老头子说：“年边无日，赊借无门，难道伸手和人家借不成？”老婆子说：“要借你借，我是不去。”见此，老头子自言自语：“早知如此，我不该吃烟酒呀！”听到“烟酒”二字，老婆子受到启发，连声欢快地说：“有了有了。”急忙走进里屋把“私房”罐罐搬出来，把钱哗啦一下倒在桌子上。老头子转忧为喜：“这是哪里来的呀？”老婆子故弄玄虚：“你猜猜看，反正不是偷的，也不是捡的。”老头子想了半天还是想不出来，不得不央求老婆子说：“你就说了吧。”老婆子只好实说：“就是你的烟酒钱。”老头子更加糊涂了：“你胡说，烟酒钱给人家了嘛，怎么在家里？”直到这时老婆子才将“你吃我留”的秘密如实告诉他，老头子如梦初醒，连声叫好：“你做得对，我们可以过热闹年、热闹的七十大寿了。”于是夫妻二人皆大欢喜。当两个老人开怀畅饮时，老头子感慨万分地说：“小吃如大斗，算不得账，我如果不吃烟酒，不是可以积攒更多的钱嘛！”老婆子连连点头称是：“不过你办不到。”老头子很不服气：“这有何难，男儿大丈夫，说不吃就不吃。不信从明天起，我把烟酒都戒了。”老婆子满心欢喜，说：“好，讲的不算，就看你行动吧！”

果然，老头子说话算数，烟酒不沾，勤俭过日子。可是到了第二年过年时发现钱袋又是空的，老头子急问："这是怎么回事，你不要骗我。"老婆子说："不信，你自己去看。"老头子又问："钱袋里是没有了，那么你那私房罐罐呢？"老婆子又解释："去年是你吃烟酒，我才留烟钱，今年你没吃，我还留什么烟酒钱呢？"老头子一气之下决定从今往后，还是要吃烟喝酒，不再过清苦的生活了。于是社会上流传着"不吃烟没有烟钱，不喝酒没有酒钱"的故事，而且越传越广。(《中国烟草史话》)

双龙烟杆

清朝康熙年间，凤凰县还在土司王的统治下。群山中散居着 110 多户土民，过着封闭的农业生活。每当秋收完毕，土司王的大管家就率领家丁，下乡催收岁贡，土民们不堪其扰，叫苦不迭。

土民岩生，自幼父母双亡，却长得虎头虎脑，结实有力。他吸烟、干农活是一把好手。只是家无寸土，全靠上山开荒，播种杂粮，栽培烟草，闲时猎取山鸡野兔，好歹度日。同村一个姑娘名叫幺妹，相貌甚美，勤劳贤惠，与岩生同岁。二人不久结为夫妻。岩生住到了幺妹家，夫妻和顺，日子过得很舒心。

一天，岩生与幺妹在山上耕作，路过鹰嘴岩，见岩石缝里长出两根山竹，比大拇指略粗一些，竹节短而密，间隔均匀，半露的竹根大如鸡蛋。岩生见这两根山竹可爱，就挖取带回家，精心细作，制成一对长二尺的烟杆。竹子上雕刻着龙头，留下两根细竹根是龙角，烟锅就是龙口，烟杆是龙身，刻上密密麻麻的龙鳞片。岩生心灵手巧，把烟杆雕琢得栩栩如生。岩生满心欢喜，十分珍爱，每日晚饭后吸上两三袋烟，擦拭干净，用白布包好，锁在衣柜里。两年过去了，烟杆受烟油浸染，变成紫红色，油亮亮的，恰似一对出水蛟龙，蠕蠕欲动。更为奇特的是，每逢山雨将至，烟杆上的龙头竟沁出水气；大雨之际，水珠下滴；天气晴朗，烟杆干燥。岩生发现了烟杆的奥秘后，益发珍爱，秘而不宣，只有几个要好的朋友知道。但是世上没有不透风的墙，这双龙烟杆的奇妙竟然传到土司王大管家的耳中，大管家为了讨得主子的欢心，蓄意要把双龙烟杆搞到手。

过了中秋节，大管家带领一伙兵丁，下乡催收岁贡。到了岩生家，大管家翻开账本开口说道：

“你今年应缴贡谷一石二斗五升，三年前你还欠五斗贡谷，加上利息，三年连本带利是五石九斗二升，加上今年的贡谷，总计七石一斗七升。限你三天之内送交王府。”

“小民岁岁贡谷，从不拖欠，老爷不会是把别人所欠记在小民的名下了吧？”

“听说你有一对双龙烟杆，如果献给王爷，就勾销你所欠的旧账，如何？”

岩生立即回答：“没有，小民没有什么烟杆。”

大管家威胁说：“你要放老实点，交出烟杆对你有好处嘛。限你三天之内把贡谷和烟杆交上来。”说完就带人离去。

两天过后，岩生与幺妹挑了一石二斗五升贡谷来到土司王府，大管家发话了：“双龙烟杆可曾拿来？”

一再追问后，大管家吆喝众兵丁将岩生捆绑起来，毒打一顿。幺妹哭哭啼啼地扶岩生回家，劝他把烟杆交了，岩生硬是不从。

岩生因伤口大量出血，奄奄一息，临终时他嘱咐幺妹：

“我死之后，把烟杆放在我左右两手掌中，悄悄地埋在鹰嘴岩附近，我在阴间会报仇的。”幺妹和母亲哭得死去活来，遵照岩生的遗言，请几位好朋友办了后事。

十天过去了，大管家仍不见岩生送烟杆来，便派人去村里探视。这时才知岩生已死，烟杆没有了下落。大管家仍不死心，率领八名兵丁来到岩生家，威逼幺妹交出烟杆。幺妹见了仇人，横眉冷对。大管家命令兵丁搜家，仍不见烟杆的影子。这时一个兵丁在大管家的耳朵边轻轻说了一句：

“莫不是与死人同下了土？”

“嗯，有道理。”大管家便强迫幺妹引路，来到岩生的坟前。幺妹哭倒在地，昏厥过去，大管家命令挖坟。那一天本是秋高气爽，万里无云，忽然阴云四合，山风呼啸，远处隐隐雷鸣。大管家命令下人抓紧时间。掀开馆盖后，只见岩生眉目如生，两手间握着烟杆。大管家大喜，命令兵丁将烟杆取来。忽然间狂风大作，雷声如万马奔腾，暴雨倾盆而下。只见一对金龙张牙舞爪，口喷烈火，从土坑中腾空，直扑大管家和众兵丁。大管家登时倒地，众兵丁和幺妹也都倒在地上，不省人事。不知过了多久，幺妹醒来，睁眼一看，雨过天晴，岩生的尸体和烟杆都没有了踪影[1]，大管家和四个兵丁都已气绝身亡，活着的四个兵丁狼狈而逃。（**出处同上**）

---

[1]　出处中的说法是“岩生的尸体无恙”。——译者注

谭九的故事（亡灵与烟）

城市里有一位年轻人谭九骑驴去烟郊探望亲戚。行至半路，暮色沉沉，谭九遇到一位骑着马的老婆婆。老婆婆问谭九去哪里后，告诉他此地离烟郊还很远，劝他在自己的寒舍留宿一夜。谭九来到老婆婆的家，发现屋子里空荡荡的，只有墙上的一盏灯。一位年轻女子躺在炕上，正给一位婴儿喂饭。老婆婆说："我本是嫁给凤阳县一个姓侯的人家，因遇天灾，再嫁给这个村一位姓郝的人，至今已近30年了。第二任丈夫已经上了年纪，受雇于一家小店，给人端茶洗衣。你明天会路过那家店。如果看到一个满脸皱纹、花白胡子、耳朵后长有一个疙瘩的老头，那就是我的丈夫。"

谭九因无事可做，取出烟点燃。那位年轻女子不停地看他吸，表现出很想吸烟的样子。老婆婆见状说道："我家儿媳很想吸烟，能让她吸一次吗？近来生活困窘，已经断了半年的烟火了。"

谭九把烟递给她。女子吸过后气色大起。谭九说："如果你喜欢吸烟，日后我去市场上买些送给你。"

听到这句话，老婆婆点了点头。不一会儿已到午夜一点多，大家各自休息。

许久，谭九从梦中醒来，发现自己身处松柏之间，那个破房子、老婆婆还有年轻女子都不见了。天很快就要亮了，谭九急忙骑上驴赶往烟郊。从亲戚家原路返回，路上遇到一家小茶店，有一位老人在洗碗。谭九想到这人跟老婆婆说的那人有些相似，走过去一问，此人果真姓郝。谭九说到昨晚的经历，老人流着泪说："你遇到的正是我死去的妻子、儿媳和夭折的孙子。万万没有想到他们死后还生活在一起！"

年轻人感慨万千，不敢违背自己曾经对亡灵许下的诺言，赶紧买好烟供奉在他们的坟前。（出自陈琮：《烟草谱》）

六、与"烟"有关的诗

文艺鼎盛的中国有很多歌颂烟的诗句，这里介绍其中的几首。

截得筼筜竹，装成一勺宜。
烟云时吐纳，杖履追随时。
直欲凌茶碗，还堪敌酒卮。

吟边与梦后，正尔系相思。

——陈业：《烟筒》

第一句的意思是砍竹子做了一根烟袋后填满烟叶。“一勺”是一合的百分之一，这里指烟袋可以容纳的烟叶数量。这是一篇色调清淡的佳作，作者陈业是清代浙江嘉善人，经历不详。该诗被收录在俞琰编的《咏物诗选》一书中。日本大槻玄泽《蔫录》一书中也有记载，其中第四句变为“杖履惯追随”。

八闽滋种族，九字遍氤氲。
筒内通炎气，胸中吐白云。
助姜均去秽，遇酒共添醺。
就火方知味，宁同象齿焚。

——沈德潜：《咏烟草》

“氤氲”是云雾缭绕的意思，中国哲学里用该词表示万物由于相互作用而变化生长之意。“醺”指醉酒。“象齿焚”一指烧象牙，这里形容吸烟如同燃烧贵重的象牙自焚一样奢侈。考虑到烟在当时是一种贵重物品，可以体会到嗜烟者的气派。作者沈德潜（1673—1769），江苏苏州人，乾隆时期1739年考入进士，擅长作诗，留下很多作品。

神农不及见，博物几曾闻。
似吐仙翁火，初疑异草熏。
充肠无渣浊，出口有氤氲。
妙趣偏相忆，萦喉一朵云。

异种来西域，流传入汉家。
醉人无借酒，款客未输茶。
茎合名承露，囊应号辟邪。
闲来频吐纳，摄卫比餐霞。

细管通呼吸，微嘘一缕烟。
味从无味得，情岂有情牵。
益气驱朝雾，清心却昼眠。
谁知饮食外，别有意中缘。

清气涤昏憨，精华任嘴含。

吸虚能化实，尝苦有余甘。

爝火寒能却，长吁意似酣。

良宵人寂寞，借尔助高谈。

——陈元龙：《吃烟之风传自塞外

今中华盛行无不嗜之戏咏四首》

诗题大意是："塞外传来吸烟之风，如今已遍及大江南北，走进千家万户，于是作诗四首以咏叹。"诗中的"神农"代指《神农本草经》，"博物"代指《博物志》。"氤氲"一词的含义可参照前一首。"茎"的意思是长柄，这里指烟袋。"承露"指的是汉武帝建造的接露水的铜盘。据传，当时的汉武帝将露水和美玉的碎屑一起服下后，与仙人照会。烟草最顶层的叶子尤为珍贵，被称为"承露"或"盖露"。这里将"承露盘"比喻为烟袋锅。吸烟可以净身，把烟放在口袋里可以辟邪。"吐纳"指的是吐烟圈的动作，也就是吸烟的意思。"餐霞"是道家中的"服气餐霞"修炼功。"吸虚能化实"意思是吸进这种虚无缥缈的烟后，会变成实实在在的东西。"爝火"是松明火，这里指烟火。"酣"表示幸福地陶醉于其中。作者陈元龙（1651—？），浙江海宁人，康熙时期升为进士，著有《爱日堂诗集》等。该诗在大槻玄泽《蔫录》一书中也有收录。

烟草出吕宋国
名淡巴菰
明季始入中土
近日无人不用之矣
本草尔正皆不载
然驱寒宣气辟瘴除瘟
功不在茶酒下
因为之赞曰
厥有瑶草其名曰蔫
神农未品仲景失笺
传自吕宋移植漳泉
一呼一吸非云非烟
叶如绰菜花似海棠
逾麝兰气胜百和香
所用伊何一握修篁
所贮伊何佩缀缃囊

骚人孤馆绣妇深闺

茶余酒罢月夕风时

除烦解闷无不宜之

惟我与尔允号相思

——陈珑：《烟草赞》

该诗以烟草传播到中国为开篇。“仲景”指汉朝末年的名医——张仲景，著有《伤寒论》等书。“瑶草”本指仙境里的花草，这里指生长在世间的珍奇异草。“神农”指《神农本草经》一书。“绰菜”指夏季生于池沼间的植物。“百和香”是由多种香料调配而成的一种香料，也指“花香”。该诗出自陈琮的《烟草谱》，原文没有标题。作者陈珑，青浦人，是陈琮的弟弟。

金丝烟是草中妖

天下何人喙不焦

闻说内廷新有禁

微醺不敢厕官僚

侵晨旅社降婵娟

便脱红裙上炕眠

傍晚起身才劝酒

一回小曲一筒烟

——方文：《都下竹枝诗（二首）》

“竹枝诗”是具有浓厚民谣色彩的古体诗。诗人在灯红酒绿的都市中创作了这首以烟为主题的诗。“禁”指的是崇祯年间（1639）的禁烟令。“宫僚”指太子属官。“婵娟”在这里指美丽的妓女。“炕”是火炕。“眠”指陪客人睡觉。作者方文（？—1668），安徽桐城人，明朝灭亡后隐居江宁，著有《涂山集》。

惜惜佳人粉黛匀

轻罗窄袖晓妆新

随风暗度悲笳曲

馥馥轻烟漫点唇。

——朱中湄：《美人啖烟图》

“惜”意为爱不释手。“笳”是中国古代北方民族的一种乐器，形状类似笛子。“点唇”指樱桃小嘴。此诗色调浓艳，题名恰如其分。作者朱中湄，江西吉水人，少司马李梅公的妻子。该诗收录于《名家诗永》中。

听雨窗棂坐悄然
溪流添瀑更潺湲
空蒙当户云间月
宛转穿帘几上烟
百尺檐花和白雪
三春客梦倚朱弦
阴晴莫问明朝事
人在松萝已二年

——陈六龄：《松关听雨》

这首名为《松关听雨》的诗收录于彭衍宣编纂的《龙岩州志》(1830) 中。“朱弦”指红色的三弦，一种弦乐器。作者出生于福建省龙岩州，诗中提到他身处安徽省松萝山，多半是在此地感叹自己担任闲职不得志吧。缕缕烟雾从书桌飘散出帘外，情景描写得栩栩如生。

七、少数民族与烟

各民族的烟文化

中国大约有12亿人口，其中93%为汉族，另外有55个少数民族。历史上曾经统治天下的蒙古族和满族都属于少数民族。回族已经与汉族实现了文化同化，通用语言为汉语，信仰伊斯兰教，分布在全国各地。顺便说明的是，因为回族信仰伊斯兰教，所以出现了“回教”这个词。

从人口分布上看（见表1所示），人口最多的是壮族，超过了1500万，满族人口有900多万；其次是回族，有800多万人，苗族、维吾尔族均超过700万人口，彝族有600多万人，土家族为500多万人；再次是蒙古族和藏族，人口均超过400万。人口最少的是珞巴族，大约有2300人。

内蒙古博物馆陈列有蒙古族的鼻烟壶、鼻烟壶袋、烟袋、烟袋荷包以及达斡尔族的烟袋等。云南省博物馆则陈列着普米族和壮族的水烟袋。珞巴族人喜欢抽烟。侗族人无论是否吸烟，都喜欢叼着烟袋，据说这是一种时尚，另外他们还喜欢水烟。藏族人喜欢鼻烟。

我曾到过台北市的台湾省立博物馆和“中央研究院”

表1 中国少数民族的吸烟习惯

民族	人口（万）	居住地区	吸烟习惯
蒙古族	480	内蒙古、辽宁、吉林、河北、黑龙江、新疆	贵族多吸鼻烟，有钱人家多吸卷烟，平民百姓吸烟袋或手卷烟。吸鼻烟的习惯留存至今
回族	861	宁夏、甘肃、河南、新疆、青海、云南、河北等地	极少数人吸烟，回族聚居地没有吸烟习惯。有钱人家的老爷多用水烟袋招待客人
撒拉族	9	青海	
藏族	459	西藏、四川、青海、甘肃、云南	下层人士多吸卷烟。吸鼻烟的习惯留存至今
维吾尔族	721	新疆	烟袋、卷烟、莫合烟
苗族	738	贵州、湖南、云南、广西、重庆、湖北、四川	多数人用竹子的根或茎做成烟袋，有钱人多用水烟袋。河南一带用铜制的烟袋锅、烟袋嘴，烟袋杆则为竹制
彝族	658	云南、四川、贵州	
壮族	1556	广西、云南、广东	
布依族	255	贵州	
瑶族	214	广西、湖南、云南、广东	
仫佬族	16	广西	
羌族	20	四川	
毛南族	7	广西	
京族	2	广西	
朝鲜族	192	吉林、黑龙江、辽宁	民国前，老年人吸烟袋，中年人吸手卷烟。民国后香烟较为普遍

（续表）

民族	人口（万）	居住地区	吸烟习惯
满族	985	辽宁、河北、黑龙江、吉林、内蒙古、北京	女人（老太太）也普遍使用烟袋
侗族	251	贵州、湖南、广西	
白族	160	云南、贵州、湖南	吸烟者多为年轻人
土家族	573	湖南、湖北、重庆、贵州	大多数人使用一种叫作棒棒烟袋的竹筒烟袋。过去的有钱人吸水烟袋
哈尼族	125	云南	吸烟者极少，有嚼烟的习俗
哈萨克族	111	新疆	香烟和莫合烟较为常见
傣族	103	云南	吸烟现象较为普遍。部分贵族有吸鼻烟的习俗。另有嚼烟的习俗
黎族	111	海南	
傈僳族	57	云南、四川	
佤族	35	云南	
畲族	63	福建、浙江、江西、广东	烟袋较为常见
高山族	0.3	台湾、福建	吸烟现象较为普遍。烟袋为竹制。另有嚼烟的习俗
拉祜族	41	云南	
水族	35	贵州、广西	吸烟现象较为普遍。烟袋为竹制
东乡族	37	甘肃、新疆	吸烟者极为罕见
纳西族	28	云南	
土族	19	青海、甘肃	
景颇族	12	云南	吸烟者极为罕见。另有嚼烟的习俗
柯尔克孜族	14	新疆	卷烟较多。老人多吸烟袋
达斡尔族	12	内蒙古、黑龙江	香烟较为普遍，老年人多吸烟袋
锡伯族	17	辽宁、新疆	
鄂温克族	3	内蒙古	

（续表）

民族	人口（万）	居住地区	吸烟习惯
普米族	3	云南	烟袋较少见，水烟袋（筒）更为普遍
怒族	3	云南	
基诺族	2	云南	
独龙族	0.6	云南	
仡佬族	44	贵州	烟袋较为少见。有钱人多吸水烟袋
布朗族	8	云南	烟袋较少见，水烟袋(筒)更为普遍。另有嚼烟的习俗
阿昌族	3	云南	
德昂族	2	云南	
塔吉克族	3	新疆	香烟较为普遍
塔塔尔族	0.5	新疆	
乌孜别克族	1	新疆	
俄罗斯族	1	新疆、黑龙江	香烟较为普遍。部分贵族曾经有吸鼻烟的习惯
保安族	1	甘肃	烟袋较为普遍
裕固族	1	甘肃	
鄂伦春族	0.7	黑龙江、内蒙古	香烟较少，烟袋较为普遍。吸烟者以老人居多
赫哲族	0.4	黑龙江	吸烟现象较为少见，吸烟者多用烟袋
门巴族	0.7	西藏	香烟较少。部分贵族曾经有吸鼻烟的习惯
珞巴族	0.2	西藏	

说明：“吸烟习惯”一栏得益于夏家骏教授的帮助，“人口”（1990）与“居住地区”栏的数据出自《中国统计年鉴（1998）》。

民族学研究所的博物馆。台湾少数民族高山族（过去被称为高砂族）包括9个族群。我在博物馆里见到了布农族、排湾族、泰雅族、赛夏族、鲁凯族的烟袋。有趣的是，每个族群的烟袋都独具特色。排湾族的烟袋是巴布亚新几内亚风格，泰雅族的烟袋则是印度尼西亚风格。人类学研究组组长阮昌锐说："烟与宗教密不可分，佛教习惯用烟祭祀行将逝去的灵魂。"

各少数民族都有独具特色的嗜烟风俗，很值得一番考

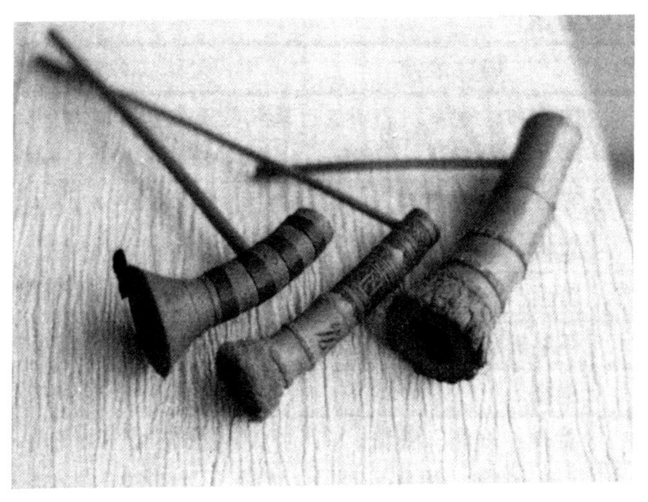

图8　泰雅族的烟袋

究。因此，我请夏家骏教授帮忙做相关调查。1990 年初夏，夏教授写信将调查结果告诉了我。我将调查结果汇总为表 1。另外，夏教授在信中这样写道：

> 清朝时期，回族以外的其他民族都有吸烟的习惯。一般情况下，贵族多吸鼻烟，有钱人多吸水烟袋。平民百姓中的老人多吸烟袋，年轻人多吸纸卷烟。就女性而言，满族和塔塔尔族普通人家的老年人多吸烟袋，年轻女子多吸香烟。其他民族中有权势、阔绰人家的女性和都市女性多吸水烟袋。

此外，台湾东南部的兰屿过去被称为“烟之岛”，居住在这里的雅美族人过去没有吸烟喝酒的习惯。一般人认为，是二战中驻扎在当地的日本士兵将吸烟习惯传播进来的。事实上，二战后登陆台湾的美国军队将大量烟制品带到这里。

西双版纳的烟制品

1989 年 12 月末，我从云南省昆明市出发，来到位于中缅、中老边境的云南省最南部——西双版纳傣族自治州。

这里居住着傣族、哈尼族、布朗族、拉祜族、瑶族、佤族、苗族、基诺族、彝族等诸多少数民族，其中傣族人口最多，占全州人口的三分之一以上。因其植物种类繁多，这里被称为“植物遗传资源宝库”，这一带流传的有关调查野生稻方面的趣闻，在日本也广为人知。

我在这里见到了各种各样的烟。先说水烟。虽然少数民族也吸，但我听说汉族人吸水烟的最多。据说水烟用的烟丝产自昆明、玉溪一带。接下来谈谈烟袋和卷烟中使用的烟丝。用椰树叶编织成绳，将一些宽大稀疏的本地烟丝

图 9　几包烟丝和一堆槟榔核

图 10 绳编的坐垫状烟

捆成十字花，这样的烟丝制品随处可见。另外还有坐垫状的烟，就像编织绳子一样将烟叶编织缠绕在一起，这种烟有一股淡淡的发酵味，据说是用小刀切割下来吸食。市场上到处都有卖烟叶的。嚼烟和缅甸传统烟叶也有销售。

据说傣族人用报纸或竹笋皮卷上烟丝或烟片，而不使用烟斗。当我问起都有哪几个民族使用烟斗时，得到的回答是

图 11　一位哈尼族的老婆婆正在用烟斗吸烟末

拉祜族、哈尼族、布朗族和基诺族。在哈尼族的部落里，我看到一位照看孩子的老婆婆正用烟斗吸烟。老婆婆不懂汉语，好在她的女儿略懂一点。据她们讲，这些烟斗都是自己制作，在市场上是根本买不到的。在这个哈尼族部落我看到了盛开着鲜花的野生烟草，之后在海南岛也见到了同样的景色。

婚俗与烟

云南省哈尼族的托媒说亲　当小伙子看中某个姑娘后，爹妈开始为儿子物色两个媒人，然后买一只新饭箩，放进一包毛烟、一对新梳，遣媒人前往女家。

晚上，媒人来到女方家，把饭箩放在火塘的烤板上，然后各取一支烟筒抽烟，再依次递给女方父母以及火塘边的其他人。烟筒传两圈后，媒人离去。

第二天一大早，姑娘走进男家，把媒人送去的饭箩放回男家的烤板上。晚上，两个媒人再把饭箩拿到女家，如不再送回饭箩，算是订婚。如果第三天一早，姑娘再将饭箩送回，则表示姑娘谢绝小伙子的爱情。

傈僳族的求婚方式 傈僳族男女腰间都挂有一个绣花烟荷包。如果小伙子看中哪位姑娘，就把绣花烟荷包解下来扔给她。姑娘如果同意小伙子的求爱，便接住烟荷包，并将自己的烟荷包也扔过去；姑娘倘若不同意，不仅不会接烟荷包，而且还会赶紧走开。凡遇婚嫁喜事，傈僳族人都要在送的礼品中多多少少放上一包烟末，以示敬重。

景颇族的青年男女谈恋爱时，递送或接受嚼烟，往往是衡量彼此之间有无爱慕之心的标志。

德昂族的求婚方式 德昂族14岁以上的青年男女交往恋爱有两种形式，一种是一群姑娘和一群小伙子参加集体社交活动，一般都是利用节日、婚礼等场合集体对歌寻找对象。还有一种是小伙子钟情某位姑娘后，夜晚到姑娘的竹楼下，轻轻吹起乐器低声吟唱。姑娘听到声音后，赶忙起床准备好茶水，打开后门，然后返回卧室，等小伙子进入火塘一侧坐下后，姑娘才起床请小伙子喝茶、嚼烟。这时，姑娘的家人都自觉地避开或睡去，留下这对情人对歌或聊天，直到公鸡啼鸣方散。临别时，如男方有意，便故意将烟盒留下。若是姑娘无意，会将烟盒还给小伙子。

瑶族的求婚方式　他们的求婚方式叫作“问烟”或“传烟”。青年男女相恋后，男方家让媒人送烟叶到女方家中，以示求婚。女方若不同意就会退回烟叶，如果同意这门婚事就会收下烟叶。如果烟叶没有被送回，男方家会再送一次烟叶，如果这一次也没有被退回，男方父亲或者叔叔会上门求亲。在今天，茶叶或其他物品已经取代烟叶成为求亲的信物。

广西壮族自治区西部一带的青年男女在恋爱期间，女方会制作一种“思念烟”送给男方，以示对男方的尊敬与思慕。“思念烟”是将大小、品种相同的两片烟叶编织成粗绳，缠绕成一个圆球后用红色丝线捆扎，再用另外两片烟叶包裹起来。

彝族的求婚方式 能歌善舞的彝族人，喜欢抽烟筒。彝族青年找对象时聚在一起，由姑娘给小伙子装烟、点烟。姑娘拿着火草绕来绕去，并且与小伙子对唱："嫌我不嫌我，给你点烟火？"男方唱道："帮我点烟火，恐怕雷打我。"女方又唱道："雷打对门对，不打郎和妹。"

若看到有其他姑娘向这个小伙子示爱，姑娘不给他点燃草烟，而是在他的新衣上烙一个洞，看着小伙子惊讶的表情，姑娘微笑着拿出针线，在烙洞的地方绣上一朵花，留下难忘的印记。在男女对歌中，无论输赢，都要按习惯送给对方礼物。女方送给男方的礼物必须是烟。

内蒙古的壁画

朋友寇曙春（时为天津南开大学的研究生）当时正研究中日外交史。一个偶然的机会，他来我这里做客，说他在调查相关文献时，发现了一篇名为《从马市中几类商品看明中后期江南与塞北的经济联系及其作用》（李漪云著），并将其复印给我。我读过后发现了一段很有意思的文字。

今包头市右旗美岱召所存明代壁画，绘有数蒙古贵妇口衔烟管，在喷云吐雾，神态怡然自得。这不仅是明末塞北蒙古族吸烟的确证，而且证实吸烟已成为贵族经常性的生活消遣，吸烟的场面居然堂而皇之地出现在黄教庙堂之上，又说明供奉释迦牟尼僧侣对吸烟并无反感。

烟草传入才不过一二十年，塞北蒙古族已渐吸烟之风，如此迅速的商品流通事例，是前所未有的。

1571 年，明朝政府与蒙古签订盟约，蒙古族土默特部落的首领阿拉坦汗被封为顺义王，从此开始了明蒙和平友好的局面。晚年的阿拉坦汗开始信奉佛教，并于 1577 年建立了福化寺，即今天的美岱召。这是第一座城寺结合的喇嘛庙，它的建立促使了喇嘛教向戈壁大沙漠以南的地区传播。殿内的壁画色彩斑斓，讲述了一个个与喇嘛教有关的故事。在身着蒙古服饰的人物像中，有阿拉坦汗及夫人三娘子端坐的场面，成为研究蒙古族风俗习惯的重要资料。

1989 年的晚秋，借呼和浩特和包头两地往返的机会，我参观了美岱召的壁画。昏暗中我看到西侧墙壁上挂着一幅画（宽 16 米，高 3 米），60 多个人围坐在阿拉坦汗

图 12　壁画中吸烟的僧人

的九口之家旁，有三个人在悠然自得地吸着烟。其中一人身穿宽松的白色服装，盘腿坐着，左手握着佛珠，右手拿着烟袋，看上去像是出家僧人。另外一位看似武官模样的人，两手端着一个烟袋。此人左边有一个女人，手里端的应该是酒杯。第三个吸烟的人看上去是位女性。只见她单膝跪地，右手握着烟袋，左手好像拉着什么东西。三个烟袋都有很长的烟袋杆，与日本人所说的南蛮烟袋相类似。我在壁画前伫立了良久，为蒙古族这一游牧民族的气魄所感动。

图 13　壁画中吸烟的武官（右下）和女人（左下）

八、烟草的别名

与日本一样，烟草在中国也有很多别名。这里汇总一下。

1. 习惯名称。虽然有嚼烟、鼻烟等多种方式，吸烟仍居主流。吸烟时必定产生烟气，于是就有了“煙草”一词。伴随着简体字的出现，“煙”被“烟”字取代。“煙草”一词最早出现于 1638 年（崇祯十一年）方以智的《食物本草》一书，“烟草”一词则最早出现于 1645 年（顺治二年）倪朱谟的《食物汇言》一书中。“烟”在闽南语（福建省及其周边地区使用）中发音为“hun”，有时可以书写为同音字的“醺”、“燻”、“熏”、“薰”、“芬”、“荤”等字。烟草制品有“金丝醺”、“金丝薰”、“金丝熏”等。

2. 音译。明朝的姚旅在《露书》中这样记载烟草 :“吕宋国（即今菲律宾）出一草，曰淡巴菰，一名醺。”1664 年（康熙三年），方以智《物理小识》云 :“马氏造之，曰淡肉果……北人呼淡巴姑或担不归。”“担不归”意指“因市场畅销，因此不必再挑回去”。清朝《台湾府志》曰 :“淡苋菰晒而切之，以筒烧吸。”另外还有淡把姑、淡芭菰、淡巴菰、打姆巴古、丹白桂等说法。丹白桂为后金（满洲）政府的官方用语。

3. 大多以烟草的药用功效及特征命名。起初，人们将烟酒混为一谈，有“一吸即醉”的说法。杨慎《伐山集》说 :“南方有芦酒，即烟草也。以芦为管，吸而饮之，一名钩藤酒，即今之咂酒。”《金川锁记》说 :“番地无六酒六浆之属，只有咂酒一味。……以细竹管数枝植其内，似吃烟。”《粤志》中说 :“……令人醉，一曰烟酒。”祝守道《闻见卮言》中称烟为烟酒或露酒。叶梦珠《阅世编》中云 :“福建有烟，吸之可以醉人，号曰乾酒。”《食物本草》说 :“用以代酒代茗……故一名相思草。”此外，1661 年（顺治十八年）沈穆在《本草洞诠》一书中写道 :“烟草一名相思草。”《畿辅通志》中记载："俗美其名醉仙桃，曰赛龙涎，曰淡不归，曰胡椒紫，曰辣麝，曰黑于菟，皆是物也。"1688年（康熙二十七年）陈淏子《秘传花镜》中说："烟花，一名淡巴菰。"1690年（康熙二十九年）李之澎、王建封《行厨集》中说："烟，曰建烟。"另外根据其疗效，《舒位兰州水烟编》中称之为瑶草，《怡曝堂集》中叫作仙草，《现代实用中药》中叫作延命草、贫报草，《福建省民间草药》中叫作穿墙草，《湖南药物志》中叫作金鸡脚下红，等等。

4. 以其形状命名。《粤志》记述："粤中有仁草，一曰八角草，一曰金丝草。"《百草镜》中曰："福建漳州有石马烟，色黑，又名黑老虎。"《露书》中有发丝、金丝烟、盖露、余糖的说法。

5. 从相关传说中得名。《梅谷偶笔》中记述："淡巴国有公主死，弃之野，闻草香忽苏，乃共识之，即烟草也，故亦名返魂香。"《香谱》一书中也有返魂香的说法。

《食物会纂》一书中也有同样的传说，原文是："故一名返魂烟。"《食物本草》中写作返魂艸[1]，又因烟草具有排忧解郁的功效，又名忘忧草。

6. 来自"烟"字的衍生。《说文解字》中说："蔫，菸

[1] "艸"同"草"。——译者注

也。从艸焉聲。"[1]"蔫"字最早出现于《行厨集》，是由"烟"的同音字"焉"加草字头而来。文言文中"菸"字与"蔫"字的意义相通。《真南闻见录》中有"种蔫法"的记载。此外，《一切经音义》中说"关西（今陕、甘两省）言菸，山东言蔫"，《正韵》中记载："菸，音烟。臭草也。"日本大槻玄泽《蔫录》（1809）一书也成为烟草方面的重要文献。

7. 朝鲜《仁祖实录》中说："对客辄待茶饮，或谓之'烟茶'，或谓之'烟酒'……欲罢而终不能焉，也称妖草。"李晬光在《食物本草纲目》中写道："淡婆姑，草名，亦南蛮草……据传南蛮国有女名淡婆姑，患痰疾，积年服此草愈，因故得名。"他在另一部著作《芝峰类说》中写道："淡婆姑，亦号南灵草，近岁始出倭国。"据该书记载，烟草在其传播过程中还有南草、绿南草的说法。

将上述别名统计一下，总计已达30余种。此外还有檀茭、芳草等名称，可以说数不胜数。

烟草在日本有坦跛谷、多叶粉、丹波粉、莨菪、长命草、贫乏草等多种别名。不过，莨菪（莨、蒗菪、莨蕩、狼菪）与烟草同属茄科植物，两者却分别指代不同的事物。

---

[1]　"菸"同"烟"。——译者注

莨菪在中国被称为天仙子，不作为烟草的别名。因此，将“莨”字作为烟草的假借字是错误的，然而今天日本还有很多词典标记为“**タバコ**”(煙草、莨)。

如今，中国大陆习惯将**タバコ**叫作“烟草”，台湾地区则叫作“菸草”。

九、吸烟与敬烟礼节

吸烟要领

明清时期，吸烟有很多讲究。下面提到的是清朝陆耀《烟谱》一书中记载的吸烟宜忌。从中我们可以体会到中国古代文人的风雅与幽默。

吸烟八宜："睡起宜吃，饭后宜吃，对客宜吃，作文宜吃，观书欲倦宜吃，待好友宜吃，胸有烦闷宜吃，案无酒肴宜吃。"

吸烟七忌："听琴忌吃，伺鹤忌吃，对幽兰忌吃，看梅忌吃，祭礼忌吃，约会忌吃，与美人入眠忌吃。"

吃而宜节七事："马上宜节，被[1]宜节，事忙宜节，囊

[1] 因受伤绷带缠身。——译者注

悭[1]宜节，跐[2]落叶宜节，坐芦篷船宜节，近故纸堆宜节。”

吃而可憎者五事：“吐痰可憎，呼吸有声可憎，主人吝惜可憎，恶客贪食可憎，取火而火久不至可憎。”

内蒙古的吸烟礼节

蒙古族十分讲究礼节，客人到来后，主人将其领至蒙古包内，从别在腰带上的绣花荷包里取出鼻烟壶，敬给客人嗅一嗅。客人嗅过后，以礼相答，借此表达敬意与祝贺之情。过去，蒙古族无论男女，都会携带一个鼻烟壶，女性用的鼻烟壶比男性的略小。现如今，待客用的鼻烟壶变成一种礼节性的象征，壶里不再装入烟粉。敬献鼻烟壶，是有其规定和讲究的。若双方是平辈，主人先用双手将鼻烟壶敬献给客人，双方均用右手互换鼻烟壶两次，最后返回到各自手中。如客人是长者，则需请客人就座于地毯上，主人跪地行礼，互换鼻烟。待长者嗅过后，晚辈则不嗅。若主人为女性，躬身施礼后轻轻地用壶体在自己的前额上碰一下，然后归还原主。鼻烟壶是友情的象征，也是加强团结的标志。据说，哪怕是初次见面的客人，只要交换一

[1] 拮据。——译者注
[2] 意“踩”。——译者注

次鼻烟壶，就会消除各自的紧张和顾虑，双方一下子变成旧交。婚礼上也会用到鼻烟壶。女方家人开门请女婿和伴郎进入蒙古包中，大家一起祭拜佛坛，由女婿向女方父母敬献哈达，向女方的亲朋好友敬献鼻烟壶，一一问候。哈达一般是用淡蓝色或纯白色的薄绢制作而成，蒙古族和藏族等人常用其敬献神佛或贵客。

此外，许多少数民族习惯用烟求婚或表达爱情。详情参见本章“少数民族与烟”的叙述。

敬烟

敬烟意指劝人吸烟。相信但凡去过中国的人，特别是男性朋友，一定有被人敬烟的经历。敬烟是中国人特有的习惯。几个人在一起聊天，其中一人想抽烟时，一定先给大家各分一根烟。对于我这个喜欢抽烟的人来说，看上去就足以令人身心愉悦。不知不觉地，跟中国人在一起，每当有抽烟的欲望时，我也养成了先敬再吸的习惯。刚回日本时，我曾经因为一个劲地向上司和同事敬烟而遭遇反感。

上田信在《中国“烟”漫谈》一文中这样写：“在中国，烟不仅是个人的嗜好品，更是人与人之间联系的纽带。”的确如此。

1989 年 9 月 9 日版的《人民日报》中刊登了陈租申的一篇文章，题为“敬烟”，其中写道：

> 敬烟是中国人的待客礼仪。客人一来，首先递上一杯茶和一支烟。在农村，很多老人习惯将自己吸的长烟袋给客人吸几口，以示待其如家人之意。婚礼上的新娘需要向每位客人敬烟，递上烟后新娘会腼腆地笑着为客人点烟。这时，为使气氛更加喜庆热闹，有些人会故意偷偷将烟掐灭，然后大声吵吵：“没点着，再来再来”。原本只为待客的敬烟，最近几年却成为拉关系走后门的工具。即便是从不吸烟的人也会在口袋里装着“健”牌或“三五”牌高级香烟。跟人见面时，先递上香烟以讨好对方。如果对方不接受则表示与你保持距离。而对方一旦接受了你递上的香烟，就必须为你谋求某种方便。[1]

凡事都讲究度。日本自江户时代开始就有这种敬烟礼仪了。历史上，新大陆的印第安人借助送烟向对方表达友好之意。吸烟有诸多讲究与礼仪，有待进一步探究。

---

[1] 在《人民日报》中未发现与该文及文章作者相关的任何记录，故出处有误。——译者注

第二章　中国烟草史

一、烟草传入中国的时间及路线

一般认为，烟草是在16世纪末17世纪初时值文化发展黄金期的明朝末年传入中国的。之后，在康熙、雍正、乾隆三代近300年的清朝全盛时期得到广泛普及。

有关烟草传入中国的时间及路线，自古以来就有很多种看法。普遍得到公认的有三条路线。

菲律宾路线

西班牙传教士将烟草从墨西哥带到菲律宾。之后经由中国台湾，或从菲律宾直接传入福建漳州、泉州等地，最后由福建的水手们带到全国各地。这是一条公认的中心路线。

一般认为，烟草及其种子是在明神宗万历年间(1573—1620)被带到中国的。不久，福建省的烟叶产量已经超过菲律宾。烟草先由福建南传至广东，之后，由于吸烟有祛除瘴气的功效，远征的军队将烟草带到西南地区。

另外，广东的军队在北上途中将吸烟的习俗带到北部的浙江、湖南、九边（明长城沿线设的要塞）一带。

让我们来看一看古书的相关记载。明末方以智的《物理小识》写道："淡把姑烟草，万历末携至漳泉（今福建漳州、泉州）者，马氏造之曰淡肉果，渐传至九边。"明末张介宾的《景岳全书》说："此物（烟草）自古未闻也，近自我明万历时始出于闽广之间，自后吴楚间皆种植之矣，然总不若闽中者，色微黄，质细，名为金丝烟者，力强气胜为优也。求其习服之始，则向以征滇之役，师旅深入瘴地，无不染病，独一营安然无恙，问其所以，则众皆服烟，由是遍传，而今则西南一方，无分老幼，朝夕不能间矣。"（大意：烟草自明朝万历年间开始出现于福建广东一带，之后江苏、浙江、湖北一带也开始种植。但福建产的烟草色发黄、质地细腻，被称为金丝烟，吸起来有劲，气味甚佳，是江浙等地无与伦比的。吸烟的来历是这样的：明朝派兵到云南，因为云南多瘴气，军队普遍染病。只有一个营安然无恙，原来这个营“服烟”的特别多，于是大家都“服烟”治病。）

陈梦雷在《古今图书集成》中写道：“淡苋菰……原产湾地。明季漳人取种回栽。”

《台湾府志》土产门中记载：“淡芭菰冬种春收，晒而切之，以筒烧吸，能醉人，原产湾地，明季漳人取种回，今名为烟，达天下矣。”由此说明烟草是经台湾传至福建的。

明末姚旅《露书》中记载：“吕宋国出一草，曰淡巴菰，一名醺。以火烧一头，以一头向口，烟气从管中入喉，能令人醉，且可辟瘴气。有人携漳州种之，今反多于吕宋，载其国售之。”

南洋路线

广东与越南接壤，据传广东人将烟草从交州（今广东省南部、广西壮族自治区及越南中北部）一带带回广东种植，弥补了福建烟草资源的稀缺。《粤志》中指出“闽产者甚佳”，可以推断，当时除福建产的烟草以外，还存在其他烟草品种。

《粤志》中说，“粤中有仁草，一曰八角草，一曰金丝烟。治验亦多。……其种得自大西洋”，指出烟草是从南洋传来的。

《高要县志》中提到“烟叶出自交趾（今越南北部），今所在有之”，表明烟草是从越南传入的。杨士聪《玉堂荟记》说：“调用广兵，乃渐有之，自天启（1621—1627）中始也。二十年末，北土亦多种。”即可佐证烟草是由军队带入北方的。

朝鲜路线

16 世纪时，烟草由南洋传至日本，日本人称烟草为“南草”。之后经由日本传至朝鲜、辽东一带。1616—1617 年（万历四十四年至四十五年）由日本输入朝鲜。朝鲜人称烟草为“南蛮草”或“南草”。雷日瑛等人 1752 年（乾隆十七年）著的《汀州府志》中说：“烟，一名淡芭菰，种出东洋，海内竞莳之。茎叶皆如秋菊而高大，花如蒲公英，子如车前子。”

后来，由于朝鲜吸烟者增多，烟商将烟草从沈阳带入。朝鲜《李朝仁祖实录》记载了 1637 年（明崇祯十年，清崇德二年），朝鲜政府以南草作为礼物赠与建州官员云：“丁丑七月辛巳，户曹启曰，世子蒙尘于异域，彼人来往馆所者不绝，而行中无可赠之物，请送南草三百余斤。从之。”“世子”即昭显世子，因三田渡之盟作质于建州。“彼人”指建州官员。

但是第二年烟草即被建州禁止。清太宗担心财货外流，禁止国内种烟，并严禁走私进口。

《仁祖实录》云：“戊寅（1638）八月甲午，我国人潜以南灵草入送沈阳，为清将所觉，大肆诘责。南灵草，日本国所产之草也，其叶大者可七八寸许，细截之而盛之竹筒，或以银锡作筒，火以吸之。此草自丙辰、丁巳间（1616—1617）越海来，人有服之者而不至于盛行。辛酉、壬戌（1621—1622）以来，无人不服，对客辄代茶饮，或谓之烟茶，或谓之烟酒。至种采相交易。转入沈阳，沈人亦甚嗜之。而虏汗（指清太宗）以为非土产，耗财货，下令大禁云。”

但是，后来该禁令很快放开，东北地区的烟草种植并未受到影响，并且导致“关东烟”的出现。东北地区有些人为了御寒吸烟，致使吸烟人数渐渐增多。

俄罗斯路线

除以上三条路线外，另有一条从俄罗斯传入新疆维吾尔自治区的路线。该路线传播的不是普通烟草，而是黄花烟，也就是所谓的莫合烟。在烟草传入东北地区的时间和路线问题上，有人认为，东北地区的抗日联合军从中国东北部辗转至苏联、蒙古、新疆地区的同时，从苏联带回了莫合烟的种子。

但是，实际上在那之前东北地区已经出现了黄花烟。我在“序章”中提到，烟草是在17世纪初传到俄罗斯的，历时30年的欧洲战争对吸烟的传播起了很大的推动作用。参战的士兵们将吸烟之风带到俄罗斯。但是，罗曼诺夫王朝第一代沙皇米哈伊尔·罗曼诺夫（1613—1645年在位）的父亲、时任摄政王的菲拉列特，很讨厌吸烟，并于1634年推出全面禁烟法令，对违反者处以笞刑。第二代沙皇阿列克谢（1645—1676年在位），进一步强化此令，将违反者流放到西伯利亚。

这些流放者将黄花烟的种子带到俄罗斯东部地区，黄花烟得以在中亚高原到中国东北的广大地区广泛种植。

17世纪初，原产于南美的普通烟草经由欧洲或太平洋传入中国南部，同时期的还有另外一条经由日本、朝鲜传入中国东北的路线。17世纪后半期，同样原产南美的黄花烟草从欧洲经由西伯利亚，东传至中国的西北和东北地区。普通烟草和黄花烟草就这样结束其环球之旅，在中国再度会合。

最新话题

1980年2月，中国广西壮族自治区合浦县上窑明代窑址出土了三件瓷烟斗和一件压槌（一种调节陶瓷器形状的工具），轰动一时。压槌上刻有“嘉靖二十八年四月二十四日造”13个大字。

发现人之一的郑超雄（时任广西壮族自治区博物馆助理研究员）1989年10月出席日本（烟草综合研究中心）招待讲演前，在北京与我畅谈过一次。他说原产南美的甘薯、玉米等都是嘉靖年间（1522—1566）传入中国的，烟草应该也是在同一时期被传入的。从烟草的普及时间及三个瓷烟斗形状各异这两点考虑，他推断当时吸烟者众多，而这些烟斗都是出自普通百姓之手。郑在论文中做出这样的结论：“不难推测，烟草在明朝嘉靖年间已在合浦种植，吸烟风气也相当盛行了。因此可以说，广西合浦地区是烟草最

早在我国登陆和种植的地方。……携烟草种子传入者，最早是葡萄牙人，而不是西班牙人。”（郑超雄著、丸山智大等译：《合浦県の雁首とたばこの中国伝来》）

但是，有人结合16世纪各国的烟草发展状况、鸦片市场及出土烟斗的形状，认为该烟斗为吸食鸦片用具。（田中富吉：《中国合浦県発掘の磁器煙管について》）

针对这种观点，有人提出不同意见认为，鸦片烟具孔小，而出土的器具孔较大；鸦片烟具由烟斗演变而来，因此合浦出土的烟斗为吸烟用具，“烟草在1540年前就从东南亚传入中国广东靠近越南的沿海一带，广东是中国最早有烟草的地方”。（颜民伟著、庄为光译：《中国煙草起源考証記》）

这种争论亟待今后进一步的调查研究。

二、明末清初的状况

禁烟

明末万历年间传入中国的烟草，作为一种新的嗜好品渐渐普及开来。尽管崇祯帝下令禁止种烟和吸烟，还是有很多人私种、偷吸，禁烟令变成一纸空文。边塞的士兵需要借吸烟御寒，将军洪承畴请求皇帝解除禁烟令。崇祯帝以军中除病为由下令开禁，随着需求的增加，烟草得到进一步普及。

王肱枕在《蚓庵琐语》中写道："烟叶出自闽中，边上人寒疾，非此不治，关外人至以匹马易烟一斤。崇祯癸未（当为辛未）下禁烟之令，民间私种者问徒。法轻利重，民不奉诏，寻令犯者斩。不久因边军病寒无治，遂停则禁。予儿时尚不识烟为何物，崇祯末，我地遍处栽种，虽三尺童子莫不食烟。"

1636年后金改国号为清后，宫廷内出现了禁烟的呼声。主要理由是：烟对日常生活毫无益处；农业种烟自然成为问题；吸烟有害健康；买烟是家庭的一大开支等。1639年，清太宗下令禁烟。但是，当时上至贵族下至百姓已经将吸烟作为生活一大习俗，以致太宗晚年不得不下令解禁。

在清朝三代皇帝康熙、雍正、乾隆130多年（1662—1795）的盛世时期，从未停止过禁烟，乾隆后期逐步开禁，在第一章"中国皇帝与烟"中有详述。总之，吸烟之风渐渐流行，政府的禁令也逐渐放宽。嘉庆、道光之后，鸦片渐渐提到议事日程，政府对烟草的态度发生了根本转变，上上下下禁烟的呼声愈来愈小。

烟草的普及

清朝前期，商品经济迅速发展，为烟草的生产和普及提供了条件。乾隆、嘉庆年间，烟草已经普及到社会的各个角落，主要原因有下列几点。

第一，烟草的药用功能极大地促进了烟草的普及。比如，沈李龙《食物本草会纂》说，烟能“治风寒湿痹，滞气停痰，利头目，去百病。解山岚瘴气，塞外边瘴之地，食此最宜”，古代中医认为人体病因有“六淫”——风、寒、热、湿、燥、火，“风、寒、湿”是其中的三淫。

第二，烟作为馈赠和待客之物，与茶、酒一样备受人们的青睐。烟曾有“烟酒”、“干酒”的别名。陆耀《烟谱》中说：“酒食可缺也，而烟决不可缺，宾主酬酢，先以此物为敬。”

第三，文人们着力渲染吸烟情趣，留下许多颂烟的诗句。据宋代罗大经《鹤林玉露》记载，东南亚一带盛行嚼食的槟榔有“四德”：“醒能使醉，醉能使醒，饥能使饱，饱能使饥。”后来人们也认为烟草具有这“四德”。

第四，清代妇女吸烟相当普遍。沈李龙《食物本草会纂》中说：“好饮烟者无分贵贱，无分男妇，用以代茗代酒。”

这样一来，吸烟之风在清朝前期风靡各地，并遍及各个阶层。人们还戏谑那些不吸烟的人为“明朝人”。

在烟草普及过程中，鼻烟也广泛流行开来。鼻烟是由鼻孔吸入烟叶末的一种烟。起初，闻鼻烟曾被视为高雅之举，并在上层社会和宫廷内流行。宫廷内有许多外国进贡的鼻烟和鼻烟壶，上层社会的人们也喜欢相互馈赠。康熙中期，鼻烟普及到民间，至民国初年，除一部分少数民族外，鼻烟渐渐淡出人们的生活。有关鼻烟的具体介绍，参见本书第三章。

随着商品经济的发展，烟丝加工业逐渐从农业中分离出来。起初是家庭手工业的形式，之后有些作坊开始购进原料，雇佣人手加工，出售成品，形成一定的规模。如《安吴四种》中记述了山东省济宁地区的烟铺：“其生产以烟叶为大宗，业此者六家，每年买卖至白金二百万两，其工人四百余名。”之后，烟草的销售、流通范围进一步扩大，福建漳州、湖南衡阳、湖北汉口、山东济宁、甘肃兰州成为烟草商品集散中心，各地也出现了一批经营烟草的富商大贾。

清朝前期还出现了包括烟袋、水烟袋、鼻烟壶等多种烟具，详见第三章。

烟草种植

烟草是一种典型的经济作物，即商品作物。尽管部分是为了满足自己食用，绝大部分还是用来变卖的。最初，烟草仅在福建、广东两省种植，自乾隆时期起，其种植面积逐渐扩大到浙江、江苏、河北、山西、陕西、四川等省，并出现了各种有名的品种。烟草这一“经济作物”，对中国的农村经济产生了很大影响。

据说，当时福建省采取与菲律宾卡加延河产地相同的栽培技术。两大烟草产地都处于山谷之间，因此都把烟草作为水稻的补充作物，实行每年一茬的连作方法。

明朝万历（1573—1620）至崇祯（1628—1644）年间，烟草普及全国各地，种烟面积也急剧扩大。即便是在清朝前期的禁烟环境下，随着烟草市场需求的日益提高，种烟面积仍在不断扩大。但是这种不合法的种烟导致了烟草价格的暴涨。

> 菸即淡巴菰，细切为丝者始于闽，故福菸独著于天下……盖永地山多田少，种菸之利数倍于禾稻，惟此土产货于他省，财用资焉。（觉罗诚善编：《永定县志》，1830）

烟草者，相思草也，甲于天下，货于吴（江苏），于越（浙江）广，于楚汉（湖南、湖北），其利亦较田数倍。（觉罗诚善、祭世远等编：《漳州府志》，1714）

17—18 世纪，全国各地开始出现了各种烟草品种。

烟一名相思草，烟品之多，至今极盛。在内地则福建漳州有石马烟，浙常山有面烟，江西有射洪烟，山东有济宁烟，近日粤东有潮烟。（《百草镜说》）

随着名烟的出现，主要产地也遍布全国各地。起初烟草主产地以盛产闽烟（建烟）的福建，特别是漳州、蒲城为中心，雍正、乾隆年间以“济宁烟”著称的山东声名鹊起。浙江杭州的“杭烟”与扇子、丝绸、香粉、剪刀一起成为当地特产。此外，较为有名的还有以“蒲城烟”著称的江西蒲城、以“兰花烟”著称的云南曲靖、以“关东烟”著称的东北地区、以“青烟”著称的山西、以黄花烟“水烟”著称的甘肃兰州等地。

三、外国资本的入侵

烟叶生产规模的扩大

鸦片战争（1840—1842）后清政府与英国签订《南京条约》，割让香港，开通广州、厦门、福州、宁波、上海为通商口岸，废除公行制度，取消贸易壁垒。鸦片战争是法国、美国等帝国主义国家侵略中国的开端，其后的中法战争（1884—1885）和甲午中日战争（1894—1895）亦属其中。

其间，中国大量出口丝绸、茶叶、烟草。从烟草的出口量上看，1867 年是 73 吨，1877 年是 633 吨，1887 年是 2776 吨，1894 年是 5694 吨。湖北汉口成为出口烟草的主要港口，大部分烟草从汉口经由上海输送至英国，一小部分输送至日本。

1890 年，美国老晋隆洋行将卷烟机引进上海的小烟厂，第一个在中国制造美国烟草公司的“品海”牌机卷烟。英国高林洋行也在同一时期将卷烟机引进北京、天津等地。1893 年，美国的上海美国烟草公司开始在上海制造香烟。1897 年，美国纸烟公司进驻上海，1898 年俄国老巴夺父子有限公司进驻哈尔滨，分别开始在中国制造香烟。

自1913年起，美国将香烟原料之一的烤烟引进中国并开始种植。起初中国的烟草产量仅次于印度，居世界第二位，20世纪30年代初跃居世界首位，其主要品种为中国传统烟叶。到20世纪30年代末，中国烤烟的烟叶产量仅次于美国，跃居世界第二。

BAT公司的垄断

从19世纪末到20世纪初，世界第二大烟草公司——美国烟草公司与印度帝国烟草公司展开激烈的销售竞争。之后双方达成协议，于1902年创立英美烟草公司（以下简称"BAT公司"）。该公司总部设在伦敦，其势力范围遍及世界各地。除了实施烟草专卖制度的日本、法国、意大利、奥地利、罗马尼亚、捷克斯洛伐克、西班牙、摩洛哥、瑞典、突尼斯、匈牙利、波兰、南斯拉夫、葡萄牙、叙利亚、秘鲁、厄瓜多尔外，BAT公司在世界其他国家均设有分公司，其势力席卷了整个世界烟草市场。

BAT公司自创立之日起，就将中国作为其最大市场。公司成立当年即收购原花旗烟草公司下属的上海浦东烟厂，烟厂规模在此后五年的时间内得到迅速扩大。1906年BAT

公司在汉口设立工厂。最初厂里的设备非常简陋，几年之后发展为汉口规模最大的烟厂。不久，BAT 公司在东北两个城市增设工厂：一是 1909 年在沈阳建立日产香烟 200 万支的卷烟厂；一是 1914 年兼并了俄国老巴夺公司在哈尔滨设立的卷烟厂。1902 年至 1919 年期间是 BAT 公司在中国的初创期，在这十几年中开设的工厂概括如下：

1. 上海浦东一厂（1902 年设立）；2. 汉口烟厂（1906 年兴办）；3. 沈阳烟厂（1908 年兴办）；4. 汉水烟厂（位于汉口桥口区，1911 年兴办）；5. 上海浦东二厂（1914 年兴办）；6. 兼并老巴夺公司的哈尔滨卷烟厂（1914 年兴办）；7. 浦东二厂附属印刷厂（1916 年兴办）；8. 二十里铺复烤厂（位于山东省，1917 年兴办）；9. 门台子复烤厂（位于安徽省，1918 年兴办）；10. 天津卷烟厂（1919 年兴办）；11. 二十里铺第二复烤厂（位于山东省，1919 年兴办）。

如此一来，无论是繁华都市还是偏远山村，都可以见到 BAT 公司生产的"哈德门"牌、"天桥"牌香烟。

BAT 公司在逐渐垄断中国华北、华中乃至东北地区烟草市场的同时，也没有忽略南方市场。进驻中国后不久，BAT 公司就开始在四川、云南、贵州等省销售香烟，并展开大规模的市场调查。在了解到这些地区不仅作为销售市场，更适于种植烤烟后，1913 年前后在四川重庆购买土地，准备开工建厂。但是，当时的四川处于军阀混战中，公司不得不暂停开工。抗日战争爆发前，BAT 公司将厂地卖给四川水泥厂。

除建立卷烟厂外，BAT 公司还着重建设相关的烤烟厂、印刷厂和机械厂，构建了一套完整的香烟制造体系。1915 年他们在上海设立美术学校。据统计，截止到 1919 年，BAT 公司的在华企业资本已达 1.2 亿元，是其最初投资额的 600 倍。

1919 年以后,BAT 公司继续扩大规模，不断建立新厂：

1. 天津印刷厂（1920 年设立）；2. 上海榆林路烟厂（1920 年设立）；3. 上海通北路烟厂（1924 年设立）；4. 青岛烟厂（1924 年设立）；5. 青岛印刷厂（1924 年设立）；6. 汉口大智门街印刷厂（1925 年设立）；7. 上海许昌路印刷厂（1930 年设立）；8. 营口印刷厂（1924 年开建仓库，1933 年建厂）；9. 营口卷烟厂（1938 年设立）。

中国实行税务制度改革后，为减轻税务负担，1934 年 BAT 公司成立颐中烟草公司和颐中远销公司，分别承担该公司的制造和销售业务。1937年又成立振兴盐业公司和首善印刷公司，分别承担收购烟叶和印刷业务。1937年控制中国香烟市场近七成的BAT公司迎来了发展鼎盛期。抗日战争爆发前，BAT公司在上海、沈阳、哈尔滨、武汉、山东、安徽、天津、青岛、营口、香港等地建立了10家新式卷烟厂，另外还拥有6家大型复烤厂、6家印刷厂、1家材料包装厂和1家机械厂。此外，公司设立香烟销售代理、烟叶收购、土地购买、保险投资、电影制片等相关公司或工厂。据统计，BAT公司在中国内地和香港地区登记注册并开工的工厂、销售单位及其附属企业多达33家。为BAT公司的发展充当走狗的有著名买办郑伯昭、沈崑三、乌挺生等人。

1937年的抗日战争和1941年的太平洋战争爆发后，BAT公司不再投资新项目。其在上海和汉口设立的若干工厂为日军管制，其中有很多被日军轰炸。BAT公司不得不缩减生产规模，并且关闭了天津和青岛的所有工厂。BAT公司在这些工厂里留有大量库存，但因交通封锁，这些香烟最终没有得到转移。相比北方的形势，南方较为稳定，BAT公司将一部分设备转移到广州、云南等地。尽管如此，其战后的烟草生产量急剧萎缩。位于汉口和汉水两家工厂的生产设备在战争中遭到全面破坏。

另一方面，BAT公司致力于开拓中国的烤烟产地。BAT公司进驻中国市场时，中国各地已经种植传统的晒烟、晾烟（参见167—175页）了，但这些烟叶并不适合制造卷烟。为此，在最初的10年间，BAT公司不得不依靠进口，特别是从美国进口烤烟，以此作为制造卷烟的原料。1911年至1919年的9年时间里，美国出口到中国的烟叶数量高达1.2万吨。随着烟草生产和销售数量的不断增加，进口烤烟的数量也急剧攀升。在1920年到1922年的3年间，尽管中国各地已经种植了大量的烤烟，从美国进口的烟叶数量仍然高达3.2万吨。

由此，BAT公司迫切需要在中国寻找更为廉价的烟叶，以适应不断扩大的市场需求。1904年公司派人赴中国主要烟叶产区进行调查，在11年的时间里，他们奔赴中国14个省100多个县，调查分析中国传统烟叶的栽培史、种植面积、产量、质地、特征等情况。

1911年，BAT公司派美国烟叶技师单佛尔·文斯蒂在山东文登的孟家庄试种烤烟，但未获成功。1913年，在考察完自然条件和交通便利等因素后，他们又在湖北光化县老河口、山东潍坊坊子和河南邓县试种烤烟并获得成功。1914—1915年间，烤烟在山东威海卫、安徽凤阳、河南许昌等地试种。为了推广种植烤烟，BAT公司向有种植经验的农民无偿发放烟种和肥料，把烤烟炉炉条、温度表借给农民，并资助生产费用。同时派美国技师到各村巡回，向烟农传授栽培、烘烤等技术。另外，为奖励其种植，对其产品不论质量好坏均以最高价现金收购。1920年左右，BAT公司每年向农民提供价值近200万元的烟种、煤炭、豆饼。但是烤烟产区确立下来后，他们便开始盘剥烟农。

之后，在第一次世界大战期间发展迅猛的民族企业——南洋兄弟烟草公司和日本在华企业也紧随其后开发烤烟产地。烤烟的种植面积得以迅速扩大，并在10余年间产生了潍坊、凤阳、许昌三大烤烟基地。以山东省为例，1913年烤烟种植面积为16公顷，烤烟总产量为18.3吨，1921年发展为1.2万公顷，总产量增至1.4万吨，后来出现了一段时间的缩减。在1936年种植面积发展为2.7万公顷，总产量高达3.2万吨。最初，BAT公司依据栽培合同直接向产区烟农收购烟叶，后来因为BAT公司与民族企业、日本在华企业三家争相收购，直接收购渐渐变为自由买卖。烤烟产地集中了BAT公司、美国联叶烟公司、日本的合同烟草公司、米星烟草公司和山东烟草公司、中国的南洋兄弟烟草公司和华成烟草公司等收购网络。各公司竞相设立收购站，BAT公司和南洋兄弟烟草公司还在交易中心建立复烤厂。其中尤以BAT公司的实力最为雄厚，在1936年对山东烤烟的收购中，BAT公司占据58%，联叶烟公司占据11%，日本三家公司占据13%，中国公司占据18%，还有种说法认为，BAT公司当时占据了80%的收购份额。

1949年新中国成立后，BAT公司完全退出中国。

日本进驻

日本自安土桃山时代起，历经江户时代一直到明治初期，全国各地出现了许多名烟。特别是江户末期的烟丝，无论是在技术层面还是文化层面，均发展到顶峰。明治维新以后，随着产业现代化的推进，在资本主义确立的过程中，烟丝被过滤嘴或无过滤嘴香烟取代。

1886年，由千叶松兵卫创办、位于东京银座的千叶商店首次销售“牡丹”牌过滤嘴香烟并大获成功。之所以取得成功，因为它不仅比进口香烟廉价，而且使用了日本本土的烟叶做原料，更加符合日本人的口味。之后，岩谷商会和村井兄弟商会双双崛起，成为烟草行业中的东西双璧。出生于鹿儿岛县的岩谷松平习惯走传统路线，他创立的岩谷商会主要在东京生产销售“天狗”牌过滤嘴香烟；而出生于石川县的村井吉兵卫大胆创新，1891 年，他的村井兄弟商会开始在京都生产销售“日出”牌无过滤嘴香烟。之后，村井兄弟商会以美国进口的烟叶为原料，生产“毕罗”牌无过滤嘴香烟并成功进入东京市场。两大商会之间围绕着市场宣传展开激烈争夺，一时间成为话题。

甲午中日战争（1894—1895）之后，这些日产香烟大量出口至中国和朝鲜。1899 年村井兄弟商会接受美国烟草公司（BAT 公司的前身）的入股和经营扶持后，其产品不仅席卷了整个日本市场，致中国和朝鲜的出口额也急剧增加。

日本政府出于对本国烟草市场被外国资本占领的担心，加之军费扩张的需要，遂于 1904 年颁布了烟草专卖法。失去了日本市场的 BAT 公司不得不在朝鲜、包括东三省在内的中国广大地区扩大销路，并垄断当地的烟草市场。

在被 BAT 公司垄断的以上几个区域里，日本烟草专卖局生产的“官烟”由日本烟草出口公司、官营烟草出口协会、朝鲜烟草贩卖协会、代代木商会、江副洋行等负责出口和销售。但是在拥有雄厚资本、先进技术和精湛手段的BAT公司面前，日本烟草界显得微不足道。

为振兴烟草出口并与BAT公司抗衡，日本烟草专卖局提议将各个出口公司重组成一个大公司。1906年，东亚烟草公司作为国策会社应运而生。烟草专卖局为其提供各种优惠政策，扶持“官烟”的出口。

1910年，日本吞并朝鲜后，东亚烟草公司开始在朝鲜种烟并制造香烟，BAT公司在该地的生产销售遭到抵制。然而，1921年，朝鲜也实行烟草专卖制，东亚烟草公司最终失去了朝鲜市场。东亚烟草公司于1909年在东北地区的营口、1917年在华北地区的天津分别建立卷烟厂。在BAT公司和排日运动的影响下，公司经营陷入困境。其间，东亚烟草公司于1927年兼并了由日本经济巨头创办、以中国华东和华南为市场的亚细亚烟草公司。抗日战争爆发后，由于军事需要，东亚烟草公司在秦皇岛、太原、上海、广东、汉口、青岛等中国各地增设工厂。1939年，其监督、专卖权等均被烟草专卖局收回。

后来，日军不断接收管理BAT公司在中国设立的工厂。日本政府敦促设立在华北、华中的6家日资烟草公司（东亚烟草公司、东洋烟叶公司、共盛烟草公司、兴亚烟草公司、北支烟草公司、武汉华生烟草公司）合并，1942年，中华烟草公司成立。

1945年抗日战争结束，日本从中国市场撤离。

四、民族资本的反抗

民族资本主义企业兴起

1890年，称雄整个美国市场的美国烟草公司将亚洲纳入其市场体系，进口烟首次现身中国市场。之后，中国的香烟消费量急剧增加，使用烟袋吸烟丝的人成为少数。据记载，1900年中国的香烟消费量是3亿支。1902年，BAT公司在上海建厂，在短短的时间内很快垄断了中国的香烟市场。大量的烟草涌入中国，中国烟草市场受外国资本的掌控。在这种情况下，中国民众掀起了大规模的抵制外货风潮。甘厚慈《北洋公牍类纂》一书中说，近来，香烟巨财外流，除设厂制造以外，没有其他好的办法。反帝反封建的民族革命日渐高涨，为民族工业的兴起和发展创造了有利的条件。

在这种情况下，诞生了一个又一个民族烟草企业。注册资本在1万元以上的企业有：1899年创办的茂大卷叶烟制造所（湖北宜昌）、1902年创办的北洋烟草公司（天津）、1903年创办的琴记雪茄烟厂（山东兖州）。1905年山东烟台开设了北洋烟草分厂、仁增盛烟草厂、隆盛烟草厂、恒利纸烟厂、中安烟草厂。同年，上海开设了中国纸烟厂、中国四民纸烟厂、三星烟草厂，广州开设了广州烟草公司，北京开设了大象烟公司。1906年创办的公司有南洋烟草公司（香港）、爱国纸烟厂（北京）、福华烟公司（汉口）、济和烟草厂（山东潍县）、自新纸烟厂（上海）、物华纸烟公司（汉口）。1908年麟记烟草厂（天津）成立，开始生产和销售烟草。后面提到的南洋烟草公司，于1908年创办南洋兄弟烟草公司。与此同时，香烟的消费量也急剧增加，1919年全国消费近75亿支香烟。

1914年，第一次世界大战爆发，BAT公司在中国的经营陷入缓慢发展阶段，由于自欧美进口的卷烟数量减少，导致中国国内卷烟供应量的缩减。另一方面，国产卷烟的消费量显著增加，民族烟草公司的产品迎来畅销的局面。特别是南洋兄弟烟草公司的烟草制品甚至远销至中国边远地区。在这种有利条件下，该公司于1916年在上海开设工厂。1919年一战结束后，尽管经济不景气状态波及整个世界，中国的香烟消费量仍然保持增长势头，1920年全国消费近225亿支香烟。

1925年，上海发生了“五卅惨案”，中国民众的反英、反日情绪日渐高涨。英国士兵在广州开枪扫射游行队伍(沙基惨案)，导致联合抵制英货运动愈演愈烈。包括BAT公司香烟在内的洋货成为抵制的对象。吸洋烟的人被看作“卖国贼”。这次抵制洋烟运动为民族烟草公司带来了空前的繁荣。民族烟草公司纷纷增设工厂，1925年全国有59家烟厂，在之后一年的时间内迅速增至105家，尽管如此仍然满足不了市场需求。据统计，1927年全国共有182家民族烟厂。当时的南洋兄弟烟草公司拥有100台卷烟机和2500名员工。外国烟草公司对此一筹莫展。英美两国开始改变对华政策，从原来的领土侵略转为经济侵略。而日本仍然沿用原来的策略，继续支持以张作霖为首的北洋军阀。BAT公司保持与蒋介石新政权勾结，为南京国民政府提供财政来源。蒋介石的特别减税政策为BAT公司的日后繁荣奠定了基础。随着BAT公司的重新崛起，民族烟草公司的经营逐渐陷入困境，最后走向衰亡。民族烟厂的数量由1927年的182家急剧递减为1928年的94家、1929年的79家和1930年的65家。唯独南洋兄弟烟草公司还能与外国烟草公司相抗衡。

之后，1937年的“九一八”事变引爆了抗日战争和1941年的太平洋战争。其间有些民族烟草公司或被日军管制，或被吞并到日本烟草公司的伞下。二战结束后，中国境内所有的烟草公司为中国政府接管。

北洋烟草公司

1901年末到1902年初，曾在北京“东文学社”学习日语的秦辉祖随京师大学堂的前辈吴汝纶到日本考察，看到东洋各种学堂、工场，不禁望洋兴叹。其后，秦辉祖两次赴日，先后在日本岩谷工场和村井兄弟商会学习香烟方面的知识，还在日本农商省的烟草试验场学习烟草种植。

秦辉祖在日期间，遇见了黄璟，请求筹集资本，创办烟草实业。1902年，秦辉祖向北洋军阀请领试办纸烟之专款，获得2万两拨款，从日本购置机器，第二年秋天在河北保定设厂制造纸烟。试行成功后的第二年，慈禧太后与光绪皇帝驻跸保定，传旨嘉奖秦辉祖。

正当秦辉祖在保定试制纸烟之际，由黄思永主持的北京工艺商局亦在酝酿同一事项。于是，两人决定合办纸烟公司。由于当时许多"官督商办"（政府监督、民间经营）企业臭名昭著，而官办的弊端甚多，商办又受到很多限制，最终决定打"官商合办"（官商共同出资经营）的旗帜，成立北洋烟草公司。公司以官方资本为首，之后靠招募商股扩大实业。官方资本负责保护，商股负责经营。最终集资5.5万余两，其中借款1.3万两，在商股（每股50两）中，8000两为北京工艺商局认购。北洋烟草公司作为清朝唯一一家官商合办企业挂牌成立，官、商董事长分别由黄璟和黄思永担任，秦辉祖任工场总董事长。

北洋烟草公司先后出产"龙球"、"双龙地球"等牌号卷烟，最高日产量曾达20万支，在京津一带销路甚畅。在公司开办的头两年，由于销路不振，产量低，经营亏损。1904年以后，通过扩大生产，公司经营大有起色。北洋公司生产的香烟足以与"品海"、"孔雀"等洋烟抗争，并且畅销烟台、营口、锦州等地。1904 年除了还清以前的亏空外，还略有盈余。

在这样的形势下，北洋公司拟添置机器 10 台，将生产能力由月产 300 万支提高到 1500 万支，并计划在烟台等地开设分厂。同时聘用日本人藤井恒久为公司顾问。为解决资金匮乏这个大问题，在得到政府批准后，黄璟和黄思永分赴烟台、上海、湖北、广东等地招商，然而收效甚微。

总的说来，北洋烟草公司的生产经营情况不坏，1905 年开春以后，定货者踊跃，销售进一步转旺。然而，它开工不到四年即宣告解体。

这种失败有其深层次上的原因，而直接原因也是多方面的。首先，北洋公司面临的是严峻的竞争环境。当时来自欧美的香烟逐渐在国内开拓市场，“孔雀”等外国卷烟虽然价格倍昂，但遍赠茶坊、酒肆，有时则半卖半送。而北方市场的主要竞争者是日本，而且是商战中一大劲敌。由于资金短缺，北洋公司的制烟原料主要是中国传统的晾晒烟叶，在吃味上与使用美国烤烟的外国卷烟自然有一定的差距，质量方面没有任何竞争优势。

北洋公司内讧迭起，官商双方各怀鬼胎，管理混乱，是导致公司解体最主要和最直接的原因。北洋公司虽名曰官商合办，实际上由官方控制。商董黄思永早有脱离北洋而另立门户之意，而工场总董秦辉祖于1905年3月向商部呈文，控告商董黄思永离异之举。

北洋公司最终没能挽回局面。黄思永坚持另设北京爱国纸烟厂，辞去董事长职务，商部也将秦辉祖控告黄思永之案撤销。接着，秦辉祖应上海三星纸烟公司之聘离开了北洋。在这期间，黄璟背着股东私借白银3.6万两，使公司财务进一步陷入混乱的困境。1906年，北洋公司宣告破产。

南洋兄弟烟草公司

天津的北洋烟草公司破产后不久，出现了民族企业的另一个代表——南洋兄弟烟草公司。

1905年南洋兄弟公司以10万元港币注册，并取名为"广东南洋烟草公司"。据说当时取名"南洋"，是想与北洋烟草公司相对应。创办人简照南和简玉阶均为旅日华侨。公司正式投产后，生产有"双喜"、"飞马"两大品牌。由于缺乏技术和经验，加之管理不善，在与英美烟草公司的竞争中落败。两年多的时间里资本亏蚀告罄，负债累累，只得于1908年宣告停业。

后来，简氏兄弟全力以赴偿还债务，重新招股，并得到其叔父简铭石（越南华侨）的资助，统筹资本13万元，于1909年（宣统元年）将公司改组为广东南洋兄弟烟草公司，继续营业。

简氏兄弟吸取停业的教训，一方面努力提高质量，改善产品，同时向老商业圈——泰国、新加坡、南洋群岛一带开拓市场，打出“中国人请吸中国烟”的口号。南洋一带的华侨们有着极高的爱国热情，对国货情有独钟，南洋卷烟火热畅销。特别是寓意喜庆的“双喜”牌香烟，价格低廉，备受广大华侨特别是矿工们的青睐。

1911年南洋公司开始扭亏为盈。第一次世界大战爆发后，外国资本势力暂时放松了对中国市场的侵略。1916年南洋兄弟在上海建厂，接着在全国各大城市和南洋一带普遍设立分支机构。这一时期，南洋公司的营业额逐年增长。1918年重新改组为南洋兄弟烟草有限公司，向北洋政府注册，额定资本为500万元，实为270万元，把企业中心由香港移至上海。1919年南洋再次改组，将资本扩大为1500万港币。改组后的南洋有了新的发展，先后在上海、香港、汉口增设烟厂，开展印刷、造纸、制罐等业务，并在各地设烟叶收购厂和复烤厂。

在南洋公司蒸蒸日上的发展时期，南洋最大的竞争对手——英美烟草公司曾三次企图吞并南洋。自 1905 年成立之日起到 1936 年间，南洋与英美烟草公司之间展开了长达 32 年的市场竞争和吞并反吞并的殊死斗争。在这场斗争中，南洋公司没有妥协，而是发挥民族资本的特色，以国货为号召，得到资本家的理解，并迅速积累资本，在不利的条件下夺得胜利。

1915 年，南洋将香港工厂制造的“三喜”牌香烟推出市场，英美烟草公司起诉南洋公司盗用其商标。南洋公司自知势力不敌，遂将“三喜”牌改为“喜鹊”牌，并将其因由公之于世，作为有力宣传。结果，“喜鹊”牌以及南洋其他品牌香烟的推销，反而大大见好，英美烟草公司的“三炮台”出现滞销。英美烟草公司不甘落后，随后又将在中国热销的“三炮台”和“派力”牌烟降价出售，并向批发烟贩提供资助，向南洋香烟的销售制造压力。对此，简氏兄弟采取薄利多销和扩大市场的战略，为远处的代理商承揽运输费，以提高代理商利益的方式予以反击。英美烟草公司不甘示弱，将印有香烟商标的挂历和画片等分发给酒楼、茶馆等地，还推出回收空烟盒送彩票等一系列措施。对此，简氏兄弟下了一番功夫，将中国古典名著——《水浒传》、《三国演义》、《红楼梦》中出现的人物做成画片夹在烟盒中，受到人们的喜爱，并一举扩大了销路。

英美烟草公司计划以100万元收购南洋公司，简氏兄弟则提出300万元的价格。英美烟草公司担心南洋公司用收购的资金扩建工厂，不得不放弃收购计划。1917年，英美烟草公司力图认购南洋60%的股份，借此压制南洋公司，遭到简氏兄弟的拒绝。

由于英美烟草公司加强了竞争，加之税率的提高，而中外企业在纳税上又不平等，致使南洋经营逐渐恶化。1924年，由于生产急剧扩大，加上管理方面的原因，上海工厂亏损70万元。之后又产生了劳资纠纷和工人罢工。自1928年起公司持续亏损，并濒临破产。哥哥简照南去世后，南洋由其弟简玉阶接管。抗战前夕，由于管理混乱，南洋陷入奄奄一息的境地。这时，宋子文乘虚而入，取代简氏家族控制了该企业。之后，上海厂毁于战火，公司业务中心逐步转移到香港、重庆，并建立了重庆烟厂。

1949年人民政府对南洋公司实行军事监管，1951年实行公私合营，1956年上海、汉口、重庆等地的烟厂归属国营，目前只有香港仍保留南洋烟厂。

五、中国的烟草政策

烟草税

清代烟草税向来与一般百货一样，仅征常关税。有部分地区专设有烟厘或烟酒税，但税率都很低。甲午战争以后，在巨额的赔款和外债负担面前，清政府不得不向各省增加摊派。在这种情况下，大部分地区不得不提高烟酒税率，并开始设立烟酒专税和专率。1901年，帝国主义列强迫使清政府签订的《辛丑条约》规定数亿两银的赔款，以海关税、常关税和盐税作抵押，各地又一次较大幅度地提高了烟草税率。

直隶烟税在全国具有一定的代表性。其征税办法，尤其是后来的加价征税的办法往往为其他省所仿效。1901年，袁世凯任直隶总督兼北洋大臣，于次年增收烟酒税。之后，袁世凯几次向光绪皇帝提出建议，认为："烟酒二项为民间嗜好所需，无关养生本计，重征尚无碍。”

光绪二十九年（1903），袁世凯的呈奏得到皇帝的认可，旨定直隶烟酒税专供练兵饷需，并规定每年征银8万两，不许有丝毫缺失。

1907年直隶增收烟酒税的措施主要归纳如下：

> 凡烟行、烟铺售卖烟叶、烟丝等项先请领执照，认纳烟税方准开张。无论烟叶、烟丝，销售一斤，应缴纳制钱十六文。对违反规定的烟行、烟铺，以应纳税额二十倍的额度予以处罚。（甘厚慈：《北洋公牍类纂》）

随着银价暴涨，税收不足以弥补国库，清朝总督上奏后，烟税改为每斤征银一分四厘。

清朝末年至民国初年这段时间的烟税政策主要存在以下几大问题：

1. 政策混乱，税章极不统一。税率差别很大，征收办法又各行其是，五花八门。各省税率不一，在征收方法上也没有统一的规定和制度，甚至同一省内征收的税目和税率也不一致。不仅如此，各地使用的通货单位和计量单位也不尽相同。税种复杂，税目繁多。有“关税”、“出产税”、“熟货税”、“制造税”、“加价”、“通过税”、“落地税”、“销售税”等。

2. 征收机构不健全，往往产生“无责任之弊”和“生贿赂之风”。征税机关有“海关”、“常关”、“厘局”、“税局”、“货捐局”等，责任不分明，特别是基层征税机构不健全，贪污现象严重。铜与银的兑换比率经常被任意篡改。

3. 税率过低。清代末年，烟税虽然名目繁多，但税率很低。就烟叶和烟丝而言，如果运销省外只需缴 15% 左右的税，有些省份甚至低于 10%。卷烟税率更低。

据《盛宣怀未刊信稿》（以下简称《盛稿》）载：

> 我国税则本轻，闻光绪三十年美国咨照外务部，所有英美公司在上海所造之孔雀、鸡牌、鼓牌等烟，须照咸丰十年天津条约按百斤完烟丝银四钱五分……查孔雀牌每箱时值约一百二十两，报烟丝七十五斤，仅完税三钱四分，运进他口再完半税一钱七分，是值千抽三；鸡牌、鼓牌约值五十余两，每箱也报七十五斤，亦完三钱四分，是值千抽七。

4. 关税低，洋货与土货收税不平等。鸦片战争后签订的《南京条约》，使中国关税主权受到破坏，随之确定了烟草等货物进口税率为值百抽五。《盛稿》云：“查各国烟税均较各物为重，有值百抽进口税二百者，有值百抽百者，或百分之七十五，极轻亦百中抽二十五。”

此外还有“子口税”的问题。当时的进口关税为5%，而洋商在内地采购土货，即使是供在华洋商厂家使用，也照例享受子口单半税之特权。这种子口税一直沿用至1931年。

据《烟酒税法提纲》载：“外烟仅一值百抽五及值百抽二五（2.5）之正半两税，而土烟于常关外尚有其他厘税。”

清代烟草税自开办以后，虽然屡次增税，但往往是以解决财政支出为出发点。至于烟草税作为调节生产、流通和消费的杠杆作用则很少加以考虑。随着外国烟草和烟制品的继续输入及资本主义烟草公司在中国垄断局面的日益加剧，清政府内部的一些官员开始对烟草加以重视。这一时期，日本、法国、意大利、土耳其等国实施了烟草专卖制，在这种背景下，清政府从财政收入的角度出发，开始酝酿烟草专卖制度。

最初，烟草专卖思想在一些洋务派官僚中产生，以盛宣怀为代表。1909 年，盛宣怀提出对烟草施以重税，并建议设专卖局，全归官办。在他的建议下，清政府开始酝酿和筹划烟草专卖。但是由于一系列不平等条约的签订，资金困难，加上政治的混乱和腐败，清政府的烟草专卖制终究未能成为现实。

民国时期的烟草公卖

甲午战争后，清政府多次提高烟税。民国政府为增加政府财政收入，进一步提高烟税。政府对烟草征收重税的同时，效仿日本和西方各国，积极酝酿烟草专卖制。但是，民国初期，实施烟草专卖制的历史条件并不成熟，政府遂开始推行烟草公卖制。

1914 年，北洋政府公布了《贩卖烟酒特许牌照税条例》，规定营业者须赴官署领取牌照，烟酒批发商店一年纳税 40 元，专业零售店纳 16 元，兼营零售店纳 8 元，摊贩纳 4 元。1915 年，政府公布《全国烟酒公卖暂行简章》，特设“全国烟酒公卖总局”，规定烟酒公卖办法，并实行官督商销。这就是中国最早的烟草专卖制。现将其基本内容归纳为以下几点：

第一，全国按区域设立公卖局和分局，招商组织公卖分栈和支栈（“栈”为批发零售点），以1000元以上5万元以下为定额收取押款，以此作为公卖局的经费，并发给经营执照。

第二，公卖局每月核定价格，通知各分栈执行。如私自增减公卖价格，处以罚款，并查禁私烟。

第三，原有的各项税、厘、捐等（参见第128—131页）由公卖局代收分拨。

第四，在核定成本、利润的基础上加收10%—15%的“公卖费”定为公卖价格，公卖费直接缴存省支金库。

第五，凡国产烟草和烟制品均由公卖分栈经营，由公卖费中提取5%作为应得之利润。

公卖不同于专卖。专卖权由政府掌握；在公卖制度下，烟酒类的产销等由百姓自由掌控，政府按其价格征收公卖费。政府创办公卖，旨在通过整顿现行烟酒税，以期增加税收，与专卖相去甚远。

1916年，烟草公卖制度在除新疆、川边外的大部分地区推行，并取得显著成果。首先，征收公卖费增加了税收。公卖费率在10%—30%之间，平均20%左右，比原有税率高得多。实行公卖，在一定程度上整顿了烟草税的混乱状况。《烟酒税法提纲》中有这样的评论："公卖办法各省皆同，就名称上言已昭划一。至论其费率，目前省虽有别，而县则相同，较之原有烟酒税率已属简单。"此外，通过公卖，政府对烟草商品的价格及经商机构等有了一定程度的控制。

但是，公卖的范围当时仍限于"土烟土酒"，而对于"洋烟洋酒"，因种种条约关系，无法对其征税。1915 年 11 月，英美烟草公司的驻华代表柏恩德在致英国驻北京公使朱尔典的信中说："我们接到通知，是关于专卖局在中国进行官方销售的规定的。这并不适用从外国输入中国的货品，也不适于在华外国人制造的货品。"

1916 年 9 月，陈良玉率领中国烟酒联合会代表一行，向中央政府递呈了请愿书，表明烟酒税名目繁多，不利于产业振兴，征税只针对土货而不适用于洋货的做法是不公平的。同时指出，国家颁行税法，须得国会之表决同意，而公卖章程及有关制度未经国会通过，却以总统命令颁布，不符合法定程序。在其影响下，各地商人纷纷向政府陈述不同意见，有的甚至一针见血地指出，筹办公卖，增加烟酒税收，是为大总统称帝张本。

公卖自 1915 年开办至 1927 年止，其间各省施行之际，没有政府监督，与征收制度无异。尽管烟草公卖制度的初衷是好的，但在实施过程中渐渐名存实亡。

1928 年以后，烟叶仍然实行公卖制度，烟制品则实行统税体制。“统税”是一种消费税，在其产地课征之后，行销全国，不再重征。

民国时期的烟草专卖

抗战开始后，政府财政日益窘困。为充裕国库，同时，受到国际上许多国家实行烟草专卖的影响，政府决定实施专卖制度。

战时卷烟生产及其市场有其特殊环境。国产卷烟的制造，多集中于上海、沈阳、哈尔滨、香港、汉口、天津等地。随着这些大城市相继沦陷，运销多遭封锁。同时，人口向内地转移，后方卷烟货源枯竭，供不应求。而后方的烟叶资源极为丰富，各地手工卷烟、土制雪茄和小卷烟厂如雨后春笋。但其设备简陋，组织涣散，技术落后，产品低劣。而且由于运输困难和中间商人盘剥，出厂价和零售价往往相差两倍以上，不仅损害消费者利益，而且严重的漏税现象，极大地影响了财政收入。在这种情况下，政府得以声明集中管理，提高产品质量，推行专卖制度。

1942年，政府公布《战时烟类专卖暂行条例》，同时成立烟类专卖局，隶属财政部。条例的主要内容如下：

1. 烟叶种植：由专卖局指定区域，生产者需报请专卖局核准登记，所产烟叶由专卖局按规定价格收购。

2. 卷烟生产：以国家设厂为主，凡商人设制造厂应报专卖局核准登记，其产品全部由专卖局收购。

3. 价格：烟类的批发价格由专卖局拟订，报财政部审核公告。烟类的零售价由当地烟草联合会拟定，报专卖局审核公告。

4. 进口：专卖烟类不得由未施行专卖条例的区域进口。商人进口洋烟类，须得到政府许可。

据王宪在《烟类专卖前瞻》中记载：

> 现行烟类专卖实行“局部专卖”的方式，即生产制造由个人经营，政府收购，以政府运输为主，个人运输为辅。销售由国家统一管制。对个人生产的烟类实行审

查制，经审查合格并登记注册后，在生产价格的基础上另加20%的利润，此为收购价格。收购价格加上运输杂费为收购原价。在此基础上另加50%的专卖利润、7%的代理商利润和3%的运输杂费，作为批发价。批发价格加上15%的烟商利润后便是零售价格。政府对运销者实行登记并严加管理，避免中间商人的盘剥，以保障烟商的合法利益。

战时烟草专卖条例及其各项实施细则，虽然对有关事项规定得相当详尽，但许多是脱离实际的，难以实现。其一，受财力限制，政府不可能将烟草及其制品统统收购起来发卖；其二，战时环境恶劣，运输极为困难。小规模的手工卷烟厂遍布各地，十分分散，规模稍大一些的卷烟厂分散在各个村镇，制造卷烟可以视作农民的副业生产，政府很难用行政手段将他们集中管理。战时烟草专卖最终仅限于对专卖物品的暂时管制。专卖管理愈严，私运私销及偷税漏税等各种烟案也就层出不穷。

战时烟类专卖历时两年有余。1945年初，官僚集团内部矛盾空前激化，专卖体制本身也遇到一些难以克服的困难。政府不得不简化机构，调整税制，最终废止专卖体制，改征统税。而统税的税率，仍依照征收专卖利益时的规定，卷烟从价征收100%，手工卷烟及雪茄烟征收60%。1945年国民政府取消烟草专卖制度，中国烟草史上第二次专卖制走向终结。

现行烟草专卖制的历史沿革

新中国成立前夕，一部分解放区政府公布了烟酒专卖的相关法令，对烟酒实施专卖。例如，1949年2月，东北行政委员会颁布了《东北解放区烟酒专卖暂行条例》，对烟酒的产销实施有计划的管理。1951年，中央人民政府财政部公布了《专卖事业暂行条例试行草案》。当时与烟草相关的工商业全部归为国有，国家对烟叶及烟制品的产、供、销实施严格管理。

早在20世纪50年代中期，烤烟由国营企业或委托供销社统一收购，其他单位或个人不得介入。1962年，对烟叶实施派购政策，由国家下达指令计划，规定烟农的生产、交售数量和收购价格。禁止自由种植和买卖。

新中国成立后，围绕卷烟工业中出现的集权和分权问题，国家先后进行了 5 次调整。1952 年以前，各地的卷烟厂由各省、区、市分别管理，全国大部分地区实施类似专卖的制度，实行产销统一管理；1953 年到 1957 年，重点卷烟企业由轻工业部直接管理，中小型卷烟企业仍由地方管理；1958 年以后，部管卷烟企业全部下放给省、市，省、市管的卷烟企业下放给地、市。1963 年轻工业部试办中国烟草工业公司（托拉斯），对全国的卷烟厂和烟叶实行集中管理、统一调配。但是在"文化大革命"初期，中国烟草工业公司倒闭，卷烟企业全部下放给地方。至"文化大革命"后期，烟叶由全国供销合作总社集中管理。

50 年代初，内蒙古、东北等省区仍然沿用卷烟专卖制度，卷烟的产销由国家统一管理。同一时期，中国其他地方的国营和私营卷烟厂全部由国营企业统购包销，其所占国内卷烟的比重，由 1953 年 11 月底的 90% 攀升至 1954 年第三、四季度的 100%。内蒙古、东北地区的卷烟专卖管理也随之改为统购包销。

1959 年，国务院将卷烟调整为国家计划二类商品（经由国务院各主管部门管理的重要物资，如猪肉、鸡蛋、机械、汽车等），实行计划生产和调拨，由商业部统一定价。

新中国成立后30年间的一系列措施为设立烟草专卖体制铺平了道路。

烟草托拉斯

1963年3月16日，经中共中央批准，当时的轻工业部党组决定对烟草行业实行集中统一管理，试办烟草托拉斯，之后推广到全国。实施方案主要包括以下几个方面的内容。

当时，烟叶供应与卷烟厂很不衔接，出现了供给不足的现象。河南、山东、云南、贵州、辽宁、吉林六省是我国烤烟的主产地，占全国烤烟产量的90%以上。而卷烟厂则集中在上海、天津、青岛、郑州、武汉、沈阳、昆明等26座城市，其生产能力占全国的80%以上。全国有104家卷烟厂，此外还有一些基层企业和供销社经营的小型烟厂，而且手工卷烟到处发展。此外，全国还有雪茄烟厂9家，大型烟丝厂20家左右。

轻工业部将104家卷烟厂缩减至61家，职工由原来的5.9万人精简至4.1万人。地方政府对当地的地下工厂进行了严格取缔。

烟叶的收购、复烤、分配、调拨业务以及相关设施、财务、职工等由供销社移交给轻工业部统一管理。

此时，国营企业对卷烟仍然实行统购包销的政策。

从机构编制上看，中国烟草工业公司（设立于北京）为轻工业部的直属单位，在天津（负责东北和华北地区）、上海（负责华东地区）、郑州（负责中南和西北地区）、贵阳（负责西南地区）四地设立分公司。此外，在烟叶集中产区设烟叶调拨站，由总公司直接领导。

“文化大革命”开始后，烟草托拉斯不得不走向解体。

现行烟草专卖制

从广义的角度讲，社会主义全民所有制已经实现了国家对烟草专卖的垄断经营。当然，实现完全意义上的专卖制，不仅需要制定法律条文，还需要专门的组织机构。

1981 年 5 月，国务院批转了轻工业部《关于实行烟草专营报告的通知》，为强化管理，改善市场供应，增加国家财政收入，国家决定对烟草行业实行统一管理。1982 年 1 月，中国烟草总公司正式挂牌成立。

1983 年 9 月，国务院颁布了《烟草专卖条例》，并于第二年设立国家烟草专卖局。社会主义体制下的烟草专卖制度由此确立。

烟草专卖制度的主要内容有以下几点：

1. 烟叶的种植与收购。由国家计划委员会统一安排，对烟叶实行计划种植、计划收购。地方烟草公司负责其所在地区烟草专卖品的生产经营业务。烟草制品由烟草公司统一收购和复烤。

2. 烟草制品的生产。卷烟、雪茄烟由国家计划委员会统一计划，各级人民政府和地方烟草公司按照国家下达的指令性计划，安排所属烟厂统一生产。禁止手工卷烟的生产和销售。

3. 烟草制品的销售。国内烟草制品市场由中国烟草公司统一安排。经营卷烟、雪茄烟零售业务和经营烟丝产销业务的单位和个人，都必须向当地烟草专卖局申请领取专卖许可证，并向当地工商行政管理部门申请领取营业执照。

4. 价格管理。烟叶的收购价格由国家物价局会同烟草总公司制定，烟草制品的价格由烟草总公司统一制定。1988年以后，烟草制品的零售批发价格逐渐放开。

5. 进出口贸易管理。烟草总公司统一管理和经营全国烟草行业的进出口贸易，包括引进烟草行业生产技术、进出口烟草专用仪器、烟草制品以及对外经济技术合作、生产合作、合资等业务。

《烟草专卖条例》实施以来，在国家烟草专卖局和中国烟草总公司的统一领导下，各地专卖机构趋于完善，专卖业务得到大大的推进，专卖制度成果颇丰。1985 年 1 月先后成立了中国烟草进出口公司和中国烟草学会，前者负责对烟草贸易实行集中管理，后者以促进烟草行业的科技进步为目的。1992 年 1 月《中华人民共和国烟草专卖法》颁布实施，中国烟草专卖制度最终以法律的形式确立和固定下来。

海外关系

中国烟草进出口公司成立之时，在全国主要产区设立 10 家（目前已增至 15 家）分公司。1989 年，作为中国烟草进出口公司的海外总代理，天利国际经济贸易有限公司在香港成立，并先后在津巴布韦首都哈拉雷、罗马尼亚首都布加勒斯特、东京、开罗等地设立办事处。1986 年，中国烤烟首次直接进入英国市场，之后逐渐运销至世界许多烟草企业。“中南海”、“长乐”等疗效烟进驻日本市场后，公司开始积极开拓海外市场。烟叶及烟叶制品的出口额不断

攀升,1990年已突破3亿美元大关，至今仍然保持增长态势。(参见第161页表2)

1980年，美国雷诺士烟草公司与厦门卷烟厂签订协议，来料加工美国名牌卷烟“骆驼”。1986年，新中国第一家中外合资的卷烟工业企业——华美卷烟有限公司挂牌成立。

1985年，山东烟草公司与英国乐富门国际有限公司签订技术合作协议，乐富门公司向济南卷烟厂无偿提供机器设备及专业人员技术培训，共同研制开发“将军”牌香烟。乐富门还为山东省内的烟叶生产提供技术指导和资金援助。1991年中英合资山东乐富门卷烟有限公司挂牌成立。

1992年，香港南洋兄弟烟草有限公司与中国天利国际贸易有限公司（中国烟草总公司驻外机构兼中国烟草进出口公司的海外总代理)、上海卷烟厂共同出资，成立上海高扬国际烟草有限公司。

最近，依据《公司法》的规定，济南、颐中、上海、东方、玉溪红塔、广西等地组建了十几家烟草企业集团，以实现规模经营。其中，颐中烟草企业集团的规模最大，目前已拥有3家卷烟厂、8家子公司、36家分公司和遍布全国的280家销售网点，总资产高达20亿元人民币。

为满足国内对过滤嘴用醋酸纤维的需要，1988 年，美国赫斯特塞拉尼斯公司与中国烟草总公司合作成立南通醋酸纤维有限公司。之后，日本大赛璐化学工业株式会社和三井物产株式会社一道，与西安的两家公司共同出资生产醋酸纤维。

中国卷烟工业的市场竞争也随之日益加剧。

此外，中国烟草总公司与国外烟草企业广泛开展经济技术交流。1984 年日本专卖公社改组为日本烟草产业株式会社后，两公司互派技术交流团，开展各项技术交流。1995 年与 1996 年，中国技术交流团访问日本冈山，我负责接待工作，由此结识了很多从事烟草行业的中国人。

香港

1860 年，香港被“割让”“租借”给英国，二战期间一度为日本占领，1945 年日本战败后再次回到英国人手中，直到 1997 年回归祖国。

二战后，在国民党发动内战和社会主义政权建立的过程中，大量难民涌入香港。与此同时，朝鲜战争引发物资需求。50 年代后半期，香港的转口和加工贸易发展迅速，市场呈现出繁荣的景象。香港成为世界香烟的宣传阵地，被誉为“吸烟者的乐园”。此前曾有以英美烟草公司为代表的英美烟草企业和南洋烟草公司、香港烟草公司等民族企业驻扎在香港。从品种上看，二战前，英式卷烟一度称雄市场，二战后被美式混合卷烟所取代。1982 年香港的香烟销量迎来了 89 亿支的最高点，之后由于增税问题以及“吸烟有害健康”的社会热潮，销售数量逐渐减少。最终，英美烟草公司关闭了工厂，如今只剩下南洋兄弟和香港烟草公司继续生产。

接下来介绍一下日本烟草产业株式会社的产品出口情况。其前身——日本专卖公社曾经做过烟草制品的海外出口业务。1984 年成立日本烟草国际株式会社，专门负责海外出口。1993 年，日本烟草国际株式会社更名为“日本烟草产业株式会社”，进一步加强了体制管理，并不断在世界各地设立办事处。1992 年公司收购了英国曼彻斯特烟草公司，1999 年收购美国雷诺士国际烟草业务部。目前该公司在全世界已拥有 8 家当地法人企业、17 家分店和办事处。在中国香港拥有一家法人企业，沈阳、北京、大连、天津、青岛、南京、上海、福州、厦门、广州、成都等地均设有办事处，出口产品以“柔和七星”为主打品牌。

六、台湾的烟草

迄今约 5000 年前，一些部落民族开始迁入台湾地区。17 世纪到 18 世纪初，大量的汉族人涌入台湾地区。现在台湾人口中有 98% 的汉族人和 2% 的少数民族。汉族人中有 82% 以上是二战前就生活在当地的本省人，其余的 18% 是战后迁入的外省人。

有关烟草传播到台湾地区的路线，有以下几种观点：

1. 最普遍的说法是，烟草由菲律宾先传播至台湾地区，再由台湾地区传播至中国大陆（福建等省）的。

2. 从当地人对烟草的命名来看，台湾地区中部的烟草源自中国大陆，而台湾地区东南部的烟草则源自菲律宾。

3. 荷兰人对台湾地区的占领要早于菲律宾人，因此有观点认为，是荷兰人将烟草带到台湾地区南部的。

清朝

1644 年，明朝灭亡，清朝随之建立。此时，汉族人仍然源源不断地从大陆迁入台湾地区。早期的迁入者集中于台湾地区南部一带，中国传统烟草和菲律宾传来的烟草得到广泛种植。当时农民种烟只是为了满足自家需求。

荷兰东印度公司对台湾的占领长达38年。1661年，郑成功收复台湾，鼓励发展农业，其中就包括种烟。1683年，郑成功的孙子郑克爽向清政府投降，种烟面积明显扩大。此时，迁入台湾的汉族人北移至台湾中部，烟草在自浊水溪以南的台南一带都有种植，北部则较为罕见。

汉族人的迁移使得种烟面积不断扩大，但就其推广范围而言，比不上甘蔗和水稻等主要农作物。台湾所产烟叶的质量一般，除农民自家消费以外，多半是为了弥补大陆烟叶进口的不足，还有一小部分用来制作下等烟丝。也就是说，生产烟制品所需的大部分原料仍来自大陆。此外，山区老百姓用烟叶与居住在平原地区的人交换黍类粮食作物。

1885年，台湾巡抚刘铭传鼓励发展生产，种烟普及开来，产烟量有了大幅度增加。

清朝主要用烟袋和水烟袋吸烟丝。台湾有很多来自福建和广东两省的汉族人，吸烟习惯也基本沿袭了福建、广东的做法。除了一小部分运往大陆外，绝大多数烟叶、烟丝是从大陆运来的。在上流社会流行的雪茄几乎全部依靠大陆。

日本占领前的台湾烟叶产量约为120吨。按地区划分看，台北占8%，新竹占10%，台中占51%，嘉义占20%，宜兰占11%。

日本占领前期（实施烟草专卖制前）

1895年甲午中日战争结束后，台湾被日本占领，台湾民众展开了轰轰烈烈的抗日运动。早期的社会动荡造成产烟量急剧下降。随着政局的稳定，种烟面积进一步扩大。

当时，台湾的烟草品种有台湾当地品种、菲律宾烟和中国传统烟三大类。古代少数民族种植的是台湾当地品种，这是由诸多种类和品种糅杂在一起的一个品种。

尽管种烟遍布台湾各个地区，烟叶的质量仍然不高，只能作为制作烟丝的原料补充。

1898年，日本制定了烟叶专卖法，并于1899年和1900年调整了关税税率。烟草制品被课以重税，而烟叶税仍维持不变。因此台湾当地的烟商竞相购入烟叶，并拓宽生产和销售业务。随着生产的不断发展，种烟的积极性也得到了提高。然而就在1904年，政府对烟田征收重税，烟农无法承受，逐渐改种其他作物。1902年的种烟面积为771公顷（最高点），之后一路下滑。生产所需的大部分烟叶只得依赖大陆。

烟丝的生产者多为私营企业，其中有50多家集中在台北和台南。随着生活水平的不断提高，吸烟习惯也发生了变化，香烟受到更多人的喜爱。日本将大量的过滤嘴和无过滤嘴烟出口到台湾。特别是1901年以后，以村井兄弟商会、岩谷商会、千叶商店的香烟为代表，许多日本企业将越来越多的香烟出口到台湾。

日本占领后期（烟草专卖时期）

1904年，日本实施烟草专卖制度，台湾总督府也跟随其后，于第二年将鸦片、食盐、樟脑、烟草先后列入专卖范围。当时台湾的种烟面积为86公顷，种烟方法仍然很原始，烟叶质量低下。

当时，台湾人主要吸烟丝，而日本则以本国产的香烟和烟丝为主。专卖局在最初实施专卖制度时，将烟丝的生产下放给个人，同时从日本购买香烟以供在台的日本人吸食。1912年，专卖局直属的台北工厂和台南工厂（后来关闭）开始生产烟丝，1915年开始生产“茉莉”牌过滤嘴香烟和“西鲁维亚”牌雪茄。之后陆续上市了“红茉莉”、“海伦”、“*ragasan*”、“曙光”牌香烟和“大武”、“新高”、“次高”、“马博拉斯”牌雪茄。为满足市场需求，台湾在一段时期曾生产过“敷岛”牌过滤嘴香烟。后因日本烟草专卖局货源充足而终止。从销售数量上看，1935 年销售的过滤嘴香烟为 9.6 亿支，无过滤嘴香烟为 7.7 亿支，雪茄为 60 万支，烟丝为 1200 吨。

1917 年，西部台中、南部屏东、东部花莲地区分别成立试验研究机构，用以培养专业技术员、开发新品种、提高种烟技术。

这一时期，台湾栽培的烟草品种有中国传统烟叶、台湾当地品种、日本传统烟叶、雪茄烟、烤烟、香料烟六大品种。1912 年和 1913 年试种的香料烟因其质量低劣不得不放弃试种。1909 年开始大量试种的日本传统烟叶，其烟叶质量与日本烟叶相比有很大差距，故于 1915 年停种。其他四个品种的栽培情况总结如下。

中国传统烟叶　最初在台湾流通的烟叶都属于该品种。因为它是制作烟丝的主要原料，从烟草专卖制实施到 1916 年期间，其种植面积急剧扩大。1915 年大陆地区开始实行烟草专卖制，却并未付诸实施。原本依靠大陆供给的台湾烟草专卖局一时急于盲目扩大种植，最终导致了台湾烟叶过剩的局面。特别是1916年，大量的低劣烟叶囤积，30多吨烟叶被销毁，给烟农以沉重的打击。后来，供应又出现不足，专卖局决定再次扩大种烟面积。1921年该品种的种植面积达1154公顷，为历史最高点。但是因为世界经济的不景气，烟叶价格下跌，大量优质的海外烟叶也出现了积压局面，政府不得不缩减种烟面积。1935年传统烟叶的产量为1465吨，与当时不断减少的烟丝需求量相比，仍然处于饱和状态，政府不再从大陆引进烟叶。随着越来越多的台湾人喜欢香烟，传统烟叶的种植面积也逐年缩小。

烤烟　居住在台湾的日本移民大多将村址选在沙地上，因土地贫瘠，他们只能靠种植甘蔗糊口。技师长崎常建议在沙地上种烤烟。烟草专卖局经实地考察后，认定花莲港厅官营的吉野移民村适宜种烤烟。1913年11月台湾首次开始试种，吉野村有5户参加了试种，种植面积为1.4公顷，产量为1吨左右。随着香烟需求量的不断增加，烤烟叶的需求也持续攀升，烤烟开始在台湾各地试种开来。除吉野村外，花莲地区的瑞穗村、台中地区的大屯郡、高雄地区的屏东郡也加入了种烟行列，种烟面积进一步扩大。后来屏东地区设立了日出、常盘、千岁等日本移民村，并在这些地区种植烤烟。

抗日战争和太平洋战争爆发后，随着日本对华侵略的不断加深，烤烟被带到了大陆南部和南太平洋一带。台湾种植烤烟的地区有花莲、台中、埔里、屏东、高雄、嘉义、宜兰、台北等。20 世纪 30 年代后半期，台湾地区的烤烟产量超过中国大陆传统烟叶，成为当地产量最高的品种。之后，战争需求和生活需求使得烤烟的种植面积进一步扩大，1942 年种植面积达 4805 公顷，产量高达 8259 吨，创历史最高纪录。1945 年日本战败，烤烟产量回落至 1600 吨。

雪茄烟 当年，烟草专卖局试种雪茄烟并未取得成功。1913 年，专卖局在台北地区的北投建立直属试验农场，由日本专卖局秦野试验厂提供种子，雪茄烟在该地的试种长达五年。同时专卖局还委托南部的屏东农场对该品种进行试种。屏东的试种最为成功。专卖局决定以屏东为主，向其他地区推广种植，并努力改进烟叶质量。最初的种烟面积都在 10 公顷以下。1934 年日本专卖局规定用于调配香烟的雪茄烟叶原料由台湾供给，1935 年朝鲜专卖局也要求台湾提供雪茄烟叶，种烟面积急速扩大。1942年，种烟面积达311公顷，总产量高达655吨，创历史最高纪录。后来日本占领了南太平洋群岛，吕宋烟、苏门答腊烟等本土烟叶进入日本和朝鲜，台湾雪茄烟的种植面积大幅度减少。

台湾传统烟叶 该品种最初是由生活在自然状态下的当地少数民族种植的，所产的烟叶质量低下，不能用于制造成品烟。为响应政府推出的理藩政策和烟草专卖制度的要求，烟草专卖局对该烟叶实行收购。出于种种考虑，当地少数民族为自家消费种植的烟草不在收购范围之列。当时的收购数量微乎其微，但随着烟草专卖法的实施，收购数量逐年增加，到1909年达到53吨，为历史最高纪录。之后，专卖局无力以高价收购这些劣质烟叶，不得不于1913年停止收购。后来人们发现当地少数民族种植的这种烟叶可以用来制造雪茄烟，甚至可以冒充香烟，其市场需求量开始出现增长趋势。1915年，专卖局重新收购少数民族种植的烟叶。此时，高雄地区的烟叶质量得到提高，而且当地的产烟量足以满足市场需求，因此专卖局对这一地区加大投入。1922年，专卖局收购了近40吨烟叶，为恢复收购以来的最高值。之后随着需求量的下降，该烟叶的收购量也随之减少。1926 年的烟叶收购量仅为 4 吨，此后专卖局叫停了收购业务。

二战后

1945 年台湾光复后为国民党接手管制。国民党政权穷奢极欲、腐败横行，令台湾民众大为不满。烟草在当时属于专卖品，而政府高官和有关人士却靠大量走私烟草中饱私囊。1947 年的“二二八”事件就是在这种条件下爆发的。事件的导火索与烟有关，具体情况是这样的：

2 月 27 日晚，位于台北市北郊的商业街上有一位台籍的中年寡妇正在贩卖私烟，遭到稽查员查获，其财物被没收，头部被机枪打伤后流血倒地。围观的群众强烈愤慨，群起攻打稽查员。稽查员一边逃跑一边开枪，击中了一位旁观的市民并当场死亡。群众更加愤怒，立即包围了附近的警察局和宪兵队，要求交出躲藏在里面的稽查员，但遭到拒绝。28 日，当局并未就事件给出一个说法，群众集合在广场抗议示威。宪兵队用机枪扫射，酿成惨案。事件逐渐波及整个台湾，但最终被蒋介石镇压。据说许多精英在此事件中惨遭杀戮。

日本占领时期的台湾总督府专卖局更名为“台湾省公卖局”，1947年归属台湾政府管制，并更名为“台湾省烟酒公卖局”（这里的“公卖”不同于第132—135页中的“公卖”，实际相当于“专卖”）。1949年公卖局归属财政厅。今天的公卖局总局下设有15个分局。

松山、丰原、台北、内埔四地设有卷烟厂。

烟叶厂设在花莲、嘉义、台中、屏东四地。这些烟叶厂在日本占领时期属于台湾专卖局的分局。1947年先后归属专卖局烟叶厂股烟有限公司和台湾省烟酒公卖局烟叶管理委员会。1949年变身为台湾省烟酒公卖局下属的烟叶加工厂，1953年变为今天的公卖局烟叶厂。各厂除烟叶复烤外，还承担种烟技术指导、烟叶质量鉴定和储藏任务。

战后台湾种植的烟几乎全部为烤烟。种烟区主要分布在台中、嘉义、屏东、花莲、宜兰五地。1962年宜兰停种烤烟。

其间，1959年公卖局开始在台中区试种白肋烟，以考察该品种是否适宜在台湾地区种植。第二年开始委托烟农种植，1965年白肋烟的种植面积已达31公顷。但是适宜种植的地区有限，而且该品种无法用于制造香烟，委托种植仅仅持续了7年就终止了。1963年，香料烟开始在台中、屏东两区的山坡上种植，因该烟叶可以用来制作香烟，公卖局计划种植100公顷左右。但是每年收获的烟叶质量都有很大波动，烟农得不偿失，种白肋烟的积极性不高。1971年白肋烟的种植面积最大，为38公顷，此后逐年递减。屏东和台中先后于1974年和1979年停种该烟。

在试验研究方面，1994年台中试验所合并屏东、花莲两个分所，并更名为“烟类实验所”。除生产烟叶外，试验所还致力于生产技术开发、烟叶质量检查。其培育品种除原有品种“百叶黄”和引自美国的“喜国士”之外，还研发了抗病虫害的“万国士”、复合抗病虫害的“台烟五号”、“台烟六号”、“台烟八号”、“台烟十号”等，这些品种都得到广泛种植。

1987年，烟酒市场对美国放开，之后逐渐扩大至其他各国。1994年，日产烟也被允许进入台湾市场。日本烟草国际株式会社在台北设立出口法人，主销“峰”牌、“柔和七星竖名淡味薄荷”等品牌。

1996年台湾的种烟面积达到1.2万公顷的最高点，之后随着香烟市场的放开，国际品牌占据了一定的市场份额，

1998年种烟面积减少到4400公顷，且主要集中在台湾南部地区。

1995年11月，我跟随作间宏彦（日本烟草产业株式会社烟叶研究所所长）出访台湾，拜访了台湾省烟酒公卖局的曾广田局长和徐安旋副局长，并向烟草专业委员会委员吴万煌、农务组组长陈耀星、台中烟叶厂厂长蔡清菜、烟类试验所所长陈盛炎博士咨询了台湾烟草的一些情况。短短几天的时间里我们参观了台中烟叶厂、烟类试验所、烟叶产区，并向烟农询问了相关情况。此外，我们得知烟草专卖即将废止，相关法案正在审议中。由此可见台湾的烟草产业正处于重要转型期。

第三章　丰富多彩的中国烟草

汉语“迷你裙”一词，来自“mini skirt”的音译，这个词译得非常到位。

日语习惯用片假名标注外来语，而汉语需要将外来语音译或意译成汉字。

音译的例子如“哥伦布”、“姜尼古特”、“雪茄”、“白肋”、观赏用花烟草类“山德”、野生烟草类“因古儿巴烟草”等。

再举几个意译的例子。汉语把一种开白花的野生烟草（*N. sylvestris*）叫“美花烟草”或“林烟草”。“tabacco”在汉语中叫作“红花烟草”或“普通烟草”，“rustica”被译为“黄花烟草”，这些译名译得非常巧妙，你可以从花色上对这两种烟草加以区分。

我在“序章”中将中国的烟草制品分为八大类，这一章节按照烟叶、中日共有的烟草制品（卷烟、烟丝、斗烟、雪茄）、水烟、鼻烟、莫合烟、嚼烟的顺序一一说明。

一、烟叶

烟叶生产

1990 年北京的农业展览馆里曾经设立一个展区，专门介绍和展示中国种植的烤烟、晒烟、晾烟、白肋烟、香料烟、黄花烟这六大品种。

如表 2 所示，目前，中国的种烟面积约为 160 万公顷，年产烟叶约 275 万吨，在全世界所占比重均超过三分之一。在烟叶主产地中，云南位居首位，其种烟面积和生产量占据全国的四分之一。其次为贵州、河南、四川、湖南。这五大烟草主产区的种植面积和烟叶产量占据全国的 70%。从品种上看，中国种植的 94% 为烤烟，其种植面积和生产量占据了世界烤烟的近 60%。

表 2　中国烟草统计数字（取自 1994—1998 年的平均值）

类别		大陆(内地)	台湾	香港	合计	全世界
烟叶	面积(千公顷)	1606(36%)	5	0	1611(36%)	4465
	烤烟	1512(59%)	5	0	1517(59%)	2553
	白肋烟	43(9%)	0	0	43(9%)	461
	总产量(千吨)	2733(39%)	13	0	2746(39%)	7078
	烤烟	2568(58%)	13	0	2581(58%)	4428
	白肋烟	75(9%)	0	0	75(9%)	871
	均产量(千克/公顷)	1695	2597	—	1698	1583
	烤烟	1687	2597	—	1691	1729
	白肋烟	1810	—	—	1810	1889
	进口（千吨）	11(1%)	10	22	43(2%)	1878
	出口（千吨）	76(4%)	1	5	82(4%)	1878
卷烟	生产（亿支）	17009(30%)	275	213	17497(31%)	56017
	进口（亿支）	135(2%)	106	503	744(10%)	7149
	出口（亿支）	521(5%)	0.2	656	1177(11%)	10574

说明：括号中的百分比为与全世界的比率，出自美国农业部的统计。

位于山东省青州市的国家级中国农业科学院烟草研究所（创办于 1995 年），负责对烟叶生产开展试验研究。此外，烟草主产地均设有省级烟草研究所和研究室。这些研究机构培育出大量的烤烟新品种，并广泛种植于各个产地。

这些品种有中国农科院烟草研究所培育的“金星6007”、“革新一号”、“中烟14”、“中烟86”、“中烟90”、利用单倍体育种法研制的“单育2号”，贵州福泉烟草研究所培育的“春雷3号”，辽宁丹东农业科学研究所培育的“辽宁14号”，吉林延边农业科学研究所培育的“延烟1号”，在云南产区优选并经云南农科院烤烟科研所改良的“红花大金元”，河南产区优选的“潘国黄”，广东农科院经济作物研究所培育的二代杂种“广遵2号”等。

烤烟

中国的烤烟是由英美烟草公司引进的。日本控制东三省后，辽宁等地的烤烟种植面积得到扩大。二战前的老产区有山东、河南、安徽、辽宁、吉林五省。二战期间由于无法从国外进口烟草制品，1937年起逐渐开发四川、云南、贵州、陕西等新产区。1948—1950年，烤烟试种在福建永定取得成功，70年代以后几乎所有的省区都种有烤烟。

中国烤烟分“清香型”、“中间香型”、“浓香型”几大类。“清香型”以“香味飘逸优雅、特征较为突出”为特征，“浓香型”以“香味沉溢半浓，芬芳优美，厚而留长”

为特征。“清”意为“清雅”，“浓”意为“浓馥”。中国的“清”茶有龙井、花茶，“清”酒则为绍兴老酒或日本清酒之类。“浓”茶的代表有中国的乌龙茶和红茶，“浓”酒有白酒或日本烧酒之类。因此，这里的“清”、“浓”指类别，绝非质量优劣。云南烤烟属“清香型”，河南烤烟属“浓香型”，山东烤烟属于“中间型”。下面介绍一下烤烟主产区的情况。

山东省

一进产区，一望无际的烟田就会展现在你的眼前。这里有“个人用小烤房”和“集体大烤房”。在集体烤房里烘

图 14　广袤无垠的烤烟田（摄于山东青州）

图 15　集体烤房里的烤烟装卸作业（摄于山东安丘）

干后，烟农把烟叶运送回家挑选，然后再送往烟叶收购站。收购站的外墙上赫然写着“振兴烟草”四个大字。

山东省是大陆烤烟种植最早的省份，日本人习惯将山东烤烟称作“山东美（国）烟”。山东烤烟为典型的中间香型，地方性杂气略重，吃味醇正浓厚，刺激性较大，燃烧性适中。

云南省

云南省已经有 3000 多年的种烟历史。1940 年以前，这里只种传统烟草品种，在 1939 年的抗战时期，为弥补后方卷烟不足，宋子文（参见第127页）下令试种烤烟。南洋烟草公司认定该烟叶可以用来制作香烟，1940年得以推广。此后，种烟面积逐年扩大，特别是在新中国成立后发展极为迅速，目前，已经成为国内最大的烤烟产区。

云南省的气候和土壤非常适宜种植烤烟，云南的烤烟又被称为“云烟”。因烟叶质量上等，出口量很大，云南的玉溪、江川等地被誉为“云烟之乡”。云烟是典型的“清香型”，略带地方性杂气，味道自然、清香、津甜，刺激性较大，燃烧性强。

河南省

河南种烟的历史可以追溯到明末清初（1644），迄今已有360多年的历史。位于该省中部的许昌是中国烤烟的发祥地之一，有“烟叶王国”的美誉（参见第39页）。1913年烤烟在该省襄城县颖桥镇试种成功，“许昌烤烟”迅速走红。1917年开始，英美烟草公司和南洋烟草公司在这里建收购站和复烤厂，许昌成为全省的烤烟集散地。1979年，原本隶属河南农林厅的许昌烟草试验场划归河南省农业科学院，并改名为“烟草研究所”，以大力发展科研事业。烤烟的种植得到迅速发展，至80年代，许昌成为中国最大的烤烟产区。许昌烤烟是典型的“浓香型”，略带地方性杂气，香味浓郁醇正，有刺激性，燃烧性强。

贵州省

享誉中外的“云贵烟叶”指的是云南和贵州两省的烤烟。1938 年烤烟在贵阳试种成功，并开始种植。之后迅速推广到其他适种地区。进入 90 年代以后，贵州取代河南，成为继云南之后的中国第二大烤烟产区。贵州烤烟的发展得益于两个有利条件。一是烤烟所用的煤炭资源丰富，二是贵州大面积种植油菜花，而菜籽油的油渣可以用作烤烟的主要肥料。贵州烤烟属于“中间香型”，地方性杂气较重，吸味干净浓厚，刺激性较强，燃烧性适中。

台湾省

1995 年 11 月，我考察了台中的草屯烟产区，秋播烟叶赶上低温天气，成熟得不好，令人惋惜。台湾烤烟大多为秋天播种，等来年 2 月收获。一来可以避开夏季的台风和暴雨，二来可以与水稻套种或等收完稻子再种。但是成熟期的气温较低，光照不足。因此人们开始转向春播烤烟，并于 1957 年开始试种。1963 年起屏东区开始种春播烤烟，

图 16 在台中烤烟田与农民和公卖局有关人员交谈

1987 年扩大到花莲地区，但是其种植面积很小。

晒烟

按调制方法对中国烟草进行划分，结果如表 3 所示。除国产品种外，晒烟中还包括香料型、黄花烟草等。

17—18 世纪，中国已经出现了优良的晒烟品种，但是数量非常少。18—19 世纪晒烟品种明显增加，并逐渐分化出晒黄烟和晒红烟两大类。晒黄烟在外观、化学成分上接近于烤烟，主要用作烟丝和水烟的制作原料。进入 20 世纪后开

表 3　中国种植的烟草

种类				调制方法	主产区（名烟举例）
晒烟	晒黄烟	淡色	半晒半烤淡黄烟	日晒变黄后用人工加温，然后继续日晒	广东（南雄烟）
			折晒淡黄烟	用竹折夹晒直至变为淡黄色	江西（广丰白黄烟）、河南（邓片折子烟）、湖北（黄冈烟）、浙江（新昌晒黄烟）、广东（渔劳烟）、四川（泉烟）
			索晒淡黄烟	捂黄再晒，直至变为淡黄色	云南（蒙自刀烟）、河南（邓片纽烟）
		深色	折晒深黄烟	用竹折夹晒	江西（广丰金黄烟）、广东（星子烟）、福建（沙县晒烟）
			索晒深黄烟	用绳子吊晒。有些需要夜间阴干	山东（栖霞晒烟）、贵州（然仲烟）、山西（曲妖晒烟）
			半捂半晒深黄烟	捂黄后晒干	吉林（蛟河晒黄烟）
			生切架晒烟丝	堆积变黄后，将烟叶切丝，在竹笆上晒干	广东（五华生切烟）
	晒红烟		折晒红烟	用竹折夹晒直至变为褐色	浙江（桐乡烟）、山东（鹤山烟）、广东（廉江红烟）、江西（紫老烟、黑老烟）
			索晒红烟	用绳子吊晒。白天日光晒制，夜间阴干	四川（什邡毛烟、新都柳烟）、贵州（拢金烟、野贝烟）、湖南（凤凰烟）、贵州（打宾烟、巴铃烟、落怀烟、金山烟、龙场烟、双山烟）
			捂晒红烟	捂黄后晒干，直至变为褐色	黑龙江（穆棱烟）、山东（绺子烟、兖州烟）、吉林（蛟河晒烟）
			架晒红烟	架在木架上晒干	黑龙江（亚布力晒烟）
	黄花烟			在田里晒干后，用绳子吊在架子上晒制	甘肃（兰州水烟）、黑龙江（关东蛤蟆烟）、新疆（莫河烟）
	香料烟			阴干变枯后，用日光晒制	浙江新昌
晾烟	深色晾烟			晾干后堆积发酵	广西（武鸣晾烟）、云南永胜
	雪茄包叶			阴干干燥。卷叶和填充叶可以晒制晾干	浙江桐乡
	白肋烟			阴干干燥。与马里兰烟同属浅色晾烟	重庆万县、四川达县、湖北建始、恩施等地
烤烟				干燥室内火力干燥（变黄、定色、中骨干燥），直至变黄	云南、河南、山东、贵州、湖南、安徽、广西、四川、湖北、广东、福建、辽宁、黑龙江、陕西、吉林

图 17 对传统晒烟进行倒地晒白（翻晒，摄于陕西眉县）

始应用于卷烟、雪茄烟的配方中。晒红烟除用作烟丝、雪茄烟的原料外，还可以用于制作卷烟、斗烟、水烟、鼻烟、嚼烟。

1949 年传统晒烟的栽培面积和产量分别为 11.7 万公顷、11.1 万吨，到 1952 年栽培面积扩大至 24.4 万公顷，产量为 22.3 万吨。70 年代后期，栽培面积缩减到 16.8 万公顷，产量回落到 16.3 万吨。随着吸烟人数的减少，晒烟的种植面积和产量也在递减。

传统晒烟的有名品种分布在全国各地，市场、路摊上都有销售。吸一口，立刻感受到它的品质。

香料型　20世纪50年代传入中国，目前只在浙江新昌等地有少量种植。

黄花烟　虽然明末曾经禁止吸烟、种烟，但很快得到解除，禁烟令并未对烟草种植产生任何影响。北方出现了黄花烟的优良品种，其种植面积进一步扩大。今天黄花烟的主产区为新疆、甘肃、黑龙江等西北和东北地区。

晾烟

晾烟　在背光处阴干的品种，除传统晾烟外，还包括雪茄烟、马里兰烟和白肋烟。

传统晾烟　只在广西武鸣、云南永胜等地有少量种植。

雪茄烟　于20世纪初期开始种植。四川和浙江是雪茄包叶烟的主产地。四川的产量较高，浙江（桐乡）生产的烟叶质量上乘。

马里兰烟　近几年，随着美式混合型卷烟的增加，中国开始引进并试种该烟，目前只在湖北等地有少量种植。

白肋烟　美式混合型卷烟的重要原料。20世纪60年代在湖北省试种成功后，开始在湖北西部和四川东部等地种植。如表 2 所示，最近中国白肋烟的年产量达 4.5 万吨，占世界白肋烟总产量的 9%，并出口至其他国家。

二、中日共有的烟草制品

除卷烟外，日本也有烟丝、斗烟、雪茄。如表 2 所示，现在中国以卷烟为主，并且世界上 30% 的卷烟是由中国制造的。其品种多达两三千种。

1889 年，美国人菲利斯克在上海分别销售了一箱（1 万支）“品海”和“老车”牌卷烟，成为卷烟进入中国的开端。卷烟的两头都可以吸，这在中国非常罕见，然而购买的人少得可怜。之后，菲利斯克与七家杂货店联手销售，但卷烟仍然没有引起社会的关注。后来卷烟的消费量逐年攀升。1890 年，借助老晋隆洋行的销售渠道，卷烟开始畅销。

卷烟

今天，中国从原料、香味方面将卷烟分为六大类，此外还有以晾烟为主要原料的晒烟型卷烟。

烤烟型卷烟　以烤烟为主要原料，也被称为“英式卷烟”。在中国，这种卷烟最为常见。

混合型卷烟　以烤烟、白肋烟、香料烟、晒晾烟为主要原料的美式混合型卷烟越来越多地出现在中国市场上。

香料型卷烟　以香料烟为主要原料。

雪茄型卷烟　以晒烟、晾烟为主要原料的雪茄烟，过去曾被叫作“非叶卷雪茄烟”。

外香型卷烟　人工添加了独特的香味，其中包括薄荷型卷烟。又被叫作“异香型卷烟”。

图 18　国内外丰富多彩的卷烟（摄于天津郊区）

新混合型卷烟 添加中草药或其精华，曾被称为“疗效型卷烟”、“药物型卷烟”。

中国将烤烟和卷烟的香味分为“清香型”和“浓香型”两大类。具体内容参见本章“烟叶”一节的记述。

在中国居住的那段时间里，我品尝了各个品牌的卷烟。当时，尽管混合型卷烟的发展势头非常迅猛，但烤烟型卷烟仍然占据主流。“中华”、“云烟”、“玉溪”、“红塔山”、“红山茶”、“茶花”、“阿诗玛”、“大重九”、“石林”、“恭贺新禧”、“牡丹”、“红双喜”等品牌非常受欢迎。“中华”烟由上海卷烟厂生产，烟盒包装为红色，上面印有天安门的图案，非常具有中国特色。后面的九个品牌分别由昆明卷烟厂、玉溪卷烟厂等云南烟厂生产，“阿诗玛”是哈尼族一个民间传说中的女主人公，该烟的包装上使用了阿诗玛的头像。“牡丹”由北京卷烟厂和上海卷烟厂分别生产，“红双喜”由武汉卷烟厂和上海卷烟厂分别生产，几家卷烟厂之间的竞争异常激烈。这些名牌卷烟与进口卷烟一起，同时在全国各地销售。

中国烟草总公司下属的郑州烟草研究所是中国的卷烟研究中心。采访后得知，该中心主要致力于研发轻便过滤设备、低焦油卷烟和含中药配方的卷烟。北京卷烟厂的“中南海”采用的是中药配方，在日本筑波世博会上它与另一款采用中药配方的“高乐”烟一起轰动一时。中南海位于故宫西侧，国家政要们居住于此，一般人禁止入内。除“中南海”外，采用中药配方的还有“长乐”、“金健”、“三七”、“田七”等品牌。

在吸过长春卷烟厂生产的“人参烟”后，我发现不同品牌之间有很大的差异。人参烟是吉林的特产，它通过添加朝鲜人参配制而成。我的汉语教师郄晋申也是一位吸烟爱好者，他是这样说的：

> 北京有三种人参烟。第一种是由长春卷烟厂特制、专用于出口的优质卷烟。第二种是该厂专为国内消费者生产的人参烟。至于最后一种，我们不晓得它的厂家，也不清楚它是否真正添加了昂贵的人参。我们只知道它是一种廉价的人参烟。这种烟的味道很差，根本没法吸。

1997年为纪念香港回归生产的“熊猫”香烟礼盒成为热议话题。1999年夏我去北京采访时就看到（商店里）销售有这种烟，野寄晃良（时任日本烟草国际《香港》有限公司北京事务所所长）向我介绍说，过去，只有像邓小平这样的国家领导人才能吸“熊猫”烟。这次出售的“礼盒装”中包括两盒香烟（每盒20支）和一个打火机，其售价高达2000元人民币。

上海卷烟厂生产的“熊猫”香烟礼盒既是馈赠领导的佳品，也是收藏家们争相购买的对象。

烟袋

过去，中国和日本都习惯用烟袋吸烟。有关“烟袋”这个词的来源，正如“序章”中已经提到的那样，一般观点认为该词来源于柬埔寨语的“khsier”一词。与东南亚的“烟袋”相对应的是西式风格的“烟斗”。“烟袋”在日语和汉语中都写作“烟管”。除“烟管”外，汉语中更常见的叫法是“烟袋”。那么，“烟袋”这个词是怎么出现的呢？据说满族人曾经使用朝鲜语“烟台”来表示“烟袋”，而“烟台”是山东省一个重要港口城市的名称，为此汉语改称“烟袋”以区别二者。

在中国，烟袋与鼻烟的使用几乎是同步的。最开始使用的是竹管。据张燮《东西洋考》的记载："烟初入内地，食者将草置瓦盒中点燃之，各携竹管吸烟，群聚吸之其管不用头。"清代陆耀在《烟谱》中说道："烟管亦曰烟筒，北方直谓烟袋，其法截竹为筒。"

用烟袋吸烟最为简便，也是中国出现最早的吸烟方式。它需要将晒烟和晾烟弄干后揉碎，故名"旱烟"，以与"水烟"相对。之后，中国出现了多种多样的烟袋。

今天，像北京这样的大城市基本上吸的是香烟，在农村还能看到用烟袋吸烟的情景。在采访云南农村时，我看

图 19　一位老人叼着长杆的旱烟袋，年轻人正在为他点烟（摄于云南宜良）

到一个老人用的是一米多长的烟袋。这么长的烟袋自己是没法点火的。当地德高望重的老人喜欢让别人为自己点烟。

各地的烟袋形状不一，除用作吸烟外，还可以当成特产或古董卖。烟袋的长度从10厘米到1米多长不等。烟袋嘴和烟袋锅既有金属制作的（同日本），也有玉石、翡翠制作的（日本无）。连接烟袋嘴和烟袋锅的烟袋杆儿可以用木头、竹子、金属或动物骨头加工而成。因为制作材料大多采用老挝（**ラオス**）产的长节竹子，所以日语中把“烟袋杆儿”命名为“**ラオ**”。

北京的琉璃厂和潘家园市场有很多知名古董店。在那里你会看到各种各样的传统烟袋。我在第一章“少数民族与烟”中曾经提到，每个少数民族的烟袋都独具特色，这些已成为研究民族学的珍贵资料。

烟袋与鸦片

很显然，鸦片是一种可怕的毒品，与烟有着本质上的区别。但是汉语把鸦片也叫作“烟”或“大烟”。烟袋在古代也用于吸食鸦片。因此在这里稍微提及一下鸦片和烟袋的历史。

我曾经请明清史的研究专家夏家骏教授帮忙，从福建图书馆的所有地方志中将有关烟的记载全部摘出。其中有这样的记载：

> 无籍之徒多吃鸦片，来自吧国。杂烟叶煮之，价颇昂。（薛凝度：《云霄厅志》，1861）

> 政府捐税，字改作“菸”，以别于历禁之鸦片烟。然商民牌号货车仍书作“烟”。（张汉等编：《上杭县志》，1938）

明朝1584年在李时珍的《本草纲目》中第一次出现了“*opium*”的音译汉语——“阿片”和“鸦片”。万历之前，只有一小部分鸦片用于治病。万历之后出现了进口鸦片，国内有些人开始从罂粟中提取出鸦片并拿来吸食。清朝，随着鸦片吸食者不断增加，吸食方式也逐渐改进，最后发展到令人深恶痛绝的鸦片战争。

有关鸦片与烟袋之间的关系，美国东方学家、汉学家劳费尔认为：

荷兰人将大量鸦片远销至印度、爪哇岛一带，他们将鸦片浸水后掺进成品烟中，并将这种烟卖给爪哇岛上的土著。该方法很快被台湾人效仿。尽管政府当局明令禁止，还是有人将鸦片从雅加达走私到中国。后来，人们干脆直接吸食鸦片。18世纪前期，台湾人发明了吸食鸦片用的烟袋，并流传至今。

但是，也有持相反观点的人认为，这些用于吸食鸦片的烟袋是中国烟袋的起源。宇贺田为吉就是该观点的支持者之一。

烟斗和烟制品系同一时期由吕宋岛、欧美等地传入中国。我认为，中国烟袋的出现正是受到了西式烟斗的启发。吸食鸦片用的烟袋则是将其发扬光大。

烟丝

清道光年间编写的《厦门志》（周凯等修订，1832年版）中有这样的记载：

倭烟、鼻烟百斤例一两六钱，烟丝、土烟百斤例一钱五分，烟叶百斤例八分，碎烟、烟末百斤例四分。以上厦照征。

日本人一提到“烟丝”，习惯性地认为，它是用烟袋或烟斗吸食的，其制作过程是先将烟叶切碎再包装销售。世界上的烟丝其实有很多种类。

在中国，人们或者用纸卷烟，或者用烟袋等烟具吸食。全国各地都可以看到那些悠闲自得点烟、吸烟的人。轻便、时髦的香烟在今天的中国迎来了全盛期，但是烟丝似乎带着一种回归的情调，让人平心静气。

图20 一位农民正在吸手卷烟丝(摄于江西宜春郊区)

在中国，我见到很多种有20—100株左右的烟田。其品种属于国产传统烟，是农民用来自己吸食的。从北方的哈尔滨到南方的海南岛，从东部沿海地区到西部青海新疆(主要种植黄花烟)一带，这种小块烟田随处可见。

在全国各地的市场上都有烟丝和烟叶的销售。品种也很多，有中国传统晒烟、黄花烟等。优质云烟也遍布各地。

图21 买烟叶前先请客人品尝（摄于四川成都）

买来烟叶后，可以先切碎或揉碎后用纸卷起来吸，也可以用烟袋吸。

中国人对产品质量和价格很在行。因此销售烟丝和烟叶的卖家，都是先请客人品尝。曾经有很多小贩招呼我“吸一口尝尝吧”。

烟丝和烟叶，特别是烟叶比卷烟廉价很多，你也可以按照自己的需求将不同品种的烟混在一起吸。中国的物价比以前涨了很多。一位出租车司机一边吧嗒吧嗒地吸着高档卷烟，一边说：“在部队的时候，节假日里我经常买一捆

图 22　买烟丝前先请客人品尝（摄于黑龙江哈尔滨）

烟叶，跟战友们一起吸。现在买一盒烟的钱顶那时买一个月的烟叶。”

我经常去夏家骏教授的家中做客，出生于河南的他请客人吸香烟，而他自己则是用卷纸卷上烟末，津津有味地吸。夏教授这样说：“我就喜欢吸这个，添加香料的烟不适合我的口味。”

我也曾经吸过几次夏教授的卷烟，感觉很不错。古代日本也是用单一品种的烟叶制作烟丝，或许这才称得上是真正意义上的烟吧。

雪茄

雪茄传入中国的时间晚于烟丝而早于卷烟。1905 年，菲律宾人在上海建立了中国第一家雪茄烟厂。菲律宾是雪茄的原产地。1911 年旅居菲律宾的华侨——梁氏三兄弟在广州建立汉昌雪茄烟厂。1910 年前后，四川省什邡和中江等地也开始制造雪茄。同一时期的还有山东兖州的手工雪茄。20 世纪 30 年代，山东兖州建了许多雪茄烟厂，如大中雪茄烟厂。兖州至今仍然以雪茄烟闻名于世。但是，直到新中国成立以后，雪茄烟的生产才全部使用国产烟叶制作。

在卷烟出现以前，雪茄是世界上重要的成品烟。随着卷烟的普及，尽管二战后略有回暖，就整体而言，雪茄烟市场呈现出衰退趋势。而且在卷烟出现前，中国的雪茄烟市场需求并不旺盛，雪茄只在四川等个别地区、或是一部分有钱人中受到欢迎。卷烟出现之后雪茄烟的市场地位也没有得到抬高。我在中国采访的时候，只是偶尔看见有人吸雪茄烟。四川人则喜欢将烟叶卷成方头雪茄的形状，然后用烟袋吸食。这个以熊猫著称的省份也是中国大陆首屈一指的农业大省。

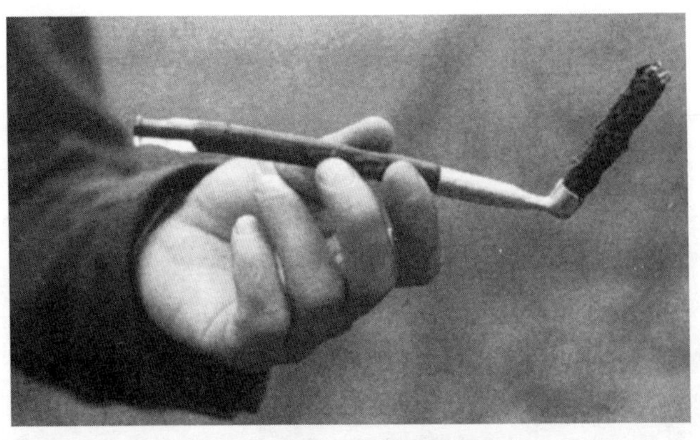

图 23　将国产烟叶卷成方头雪茄的形状后用烟袋吸食（摄于四川成都）

斗烟

用西式烟斗吸的烟叫作“斗烟”。20 世纪五六十年代，特别是在 60 年代的上海、北京等大城市里，斗烟盛极一时。据说这股从苏联吹来的流行风，吸引了很多领导干部。当时斗烟用的烟丝比卷烟廉价许多，这也成为其流行的原因之一。而农民们基本上还是以烟袋为主。今天已经很少见到吸斗烟的人了。

三、水烟

水烟是利用装有水的水烟袋吸食的。有关水烟的起源，有种说法认为，水烟是美国人为吸大麻而发明的。公认的观点是，17 世纪初期波斯人发明了水烟袋。汉语中把印度、中东地区带有长管的水烟用具叫作“烟罐”，把做成壶状的叫作“水烟壶”。中国南方有一种竹子制的“水烟筒”，全国各地流行的则是金属制“水烟袋”。每个民族都有独具特色的水烟用具。

常见的水烟烟叶有福建漳州和泉州生产的“金丝烟”和“建条烟”、山东曲沃的“青条烟”、甘肃兰州的“锦烟”和“兰州水烟”等。

水烟筒

1987 年 9 月，我被派往北京工作，当时只会“你好”、“谢谢”、“再见”这几个词。我师从郄晋申老师（时任外企服务公司教学部教师）刻苦学习汉语，渐渐能够简单会话了。

第二年 2 月，我参加了北京市外办组织的考察团，与几位欧美人一起去中国南方考察。在云南、贵州两省考察的

图 24　出售水烟筒（摄于云南昆明的一家自由市场）

途中大巴上，我曾经不止一次看到窗外有人在用竹制水烟筒吸烟。在昆明，我用生疏的汉语请一位姓王的出租车司机做向导，我们找到了圆通寺附近一家销售水烟筒的自由市场。那里出售的水烟筒都是用上好的竹子打磨光滑而成，其长度在75—100厘米，直径有七八厘米大小。我们去的时候，卖家们在安装烟嘴，或是调试好不好用。烟丝用的多

图25　一位老人左手拿着烟丝，右手拿着香，两手之间立着水烟筒

半是烤烟。有人劝我吸几口试试，我发现烟袋杆里不怎么沉积烟油。

1988年2月，我随汪浩（时任农科院蔬菜花卉研究所温室管理处处长）一起参观了广东农业研究所。在广东农村，水烟筒随处可见。水烟筒的造型、大小与云南基本相同。唯一不同的是吸的是国产烟丝。至今我还清楚地记得当时有这样一位老人，他左手拿着烟丝，右手拿着点燃的香，一副怡然自得的样子。

1989年2月，我去广西、云南等地参观。无论是农村还是城市，都可以看到用水烟筒吸烟的人。云南省博物馆里展示着普米族和壮族的日常生活用品，其中就有用短竹子制作的水烟筒。大部分水烟筒都是用竹子制作的，也有极少数是用金属或塑料制成的。在广西阳朔的一个小摊上，我见到了铜制的小型水烟筒（长55厘米，直径5厘米左右），因为觉得稀奇所以就买了下来。这个水烟筒上刻有“金龙”、“二龙戏珠”几个字，还刻着两条龙的图案。烟仓的位置刻有三只锐利的龙爪。据小摊的主人介绍，侗族人曾经使用过这种小型水烟筒，广西和贵州等地还能看到，但是为数极少。

1988 年 4 月，时值海南与广东划界建省后不久，我去海南考察。当时我的朋友潘庆华（时任农科院作物育种栽培研究所助理研究员）在海南研究水稻，我们一起逛了海南。在三亚的自由市场和周边的农村，我看到有人用水烟筒吸烟。在市场的一家烟铺，黑色的国产烟丝堆积成山，旁边竖立着一根待客用的水烟筒。那个水烟筒是用细长但是纹路粗糙的竹子制作的，看上去就像是虚无僧用的尺八，散发着原始的气息。水烟筒长约 77 厘米，内径有 3 厘米左右。很多上了年纪的人经常花钱过来吸一吸它。

图 26　尺八形状的水烟筒（摄于海南三亚）

水烟袋

金属制水烟袋造型精小，比起竹制水烟筒更便于携带。水烟袋也被叫作“水烟瓶”、“水烟锅”。在中国，水烟袋的使用要晚于鼻烟和烟丝。目前水烟袋有两种：一种是18世纪发明的简易型，一种是19世纪发明的复杂型。

1989年10月末，我去河北考察，在承德避暑山庄博物馆的慈禧太后遗物陈列品中，我见到了青铜制作的老式水烟袋，旁边注有“长柄水烟袋”几个字。这种水烟袋由烟仓、盛水斗和细长的烟袋嘴组成。这种老式水烟袋只有在博物馆才能见到。

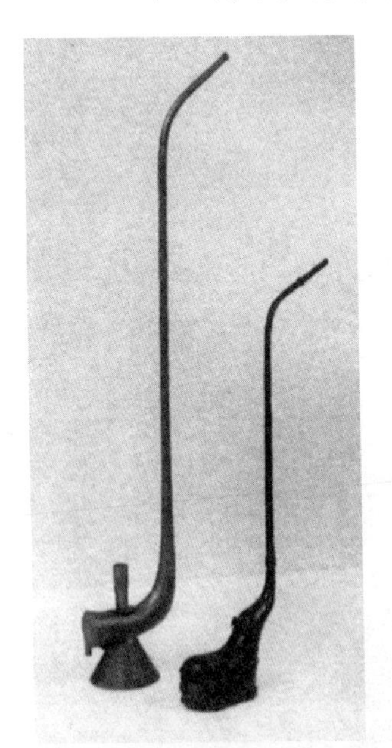

图27 早期的水烟袋
（藏于日本烟盐博物馆）

新式水烟袋则是由锌或黄铜制作而成，它遍布全国各地，去中国任何一个地方旅游，你都会见到它的踪影。这种新式水烟袋由带盖（一体式）烟筒、主体和套子组成。烟仓部分可以取下清洗。新式水烟袋大多配有装烟丝用的通针和清扫用具（一头为毛刷，另一头为针状）。有的表面雕有画，刻上诗词联句。

水烟袋的使用方法是这样的：将适量的水注入水仓，水与烟仓管的距离为1厘米左右。正常情况下，吸的时候会发出“咕噜咕噜”的声音。在烟仓里装入一小捏烟丝，点

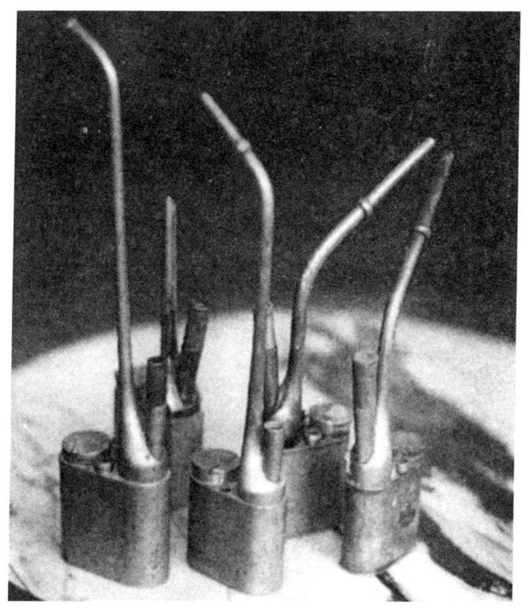

图28　清朝锌制水烟袋（摄于上海的一家古董店）

火吸食。过去，人们习惯用纸捻点烟，清朝末年，水烟袋备受众多官吏和商人的喜爱，社会上甚至一度盛行用诗歌的形式赞美水烟袋。

1989 年 10 月，我去四川成都考察那里的竹制水烟袋。汪浩的爱人牟平女士曾经给我讲她小时候在四川老家见爷爷使用过这种烟袋。经牟女士推荐，我参观了成都市竹编工艺厂，发现竹制水烟袋在那里是作为特产出售的。制造厂距工艺厂有几百公里。过去当地也曾经制造过竹制水烟袋，如今这些都是从云南运来的。

1999 年 8 月，我与杨国安（时任中国烟草学会副秘书

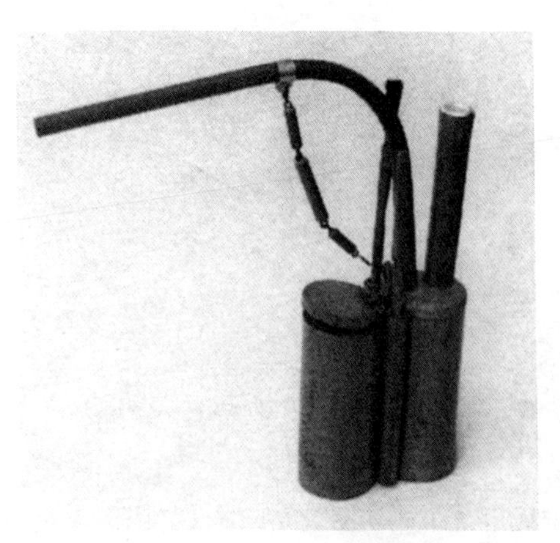

图 29　竹制水烟袋（摄于四川成都）

长）一起逛了逛北京的潘家园市场，在那里发现了一个用竹节做的旧水烟袋。我感觉这个东西就是水烟壶。

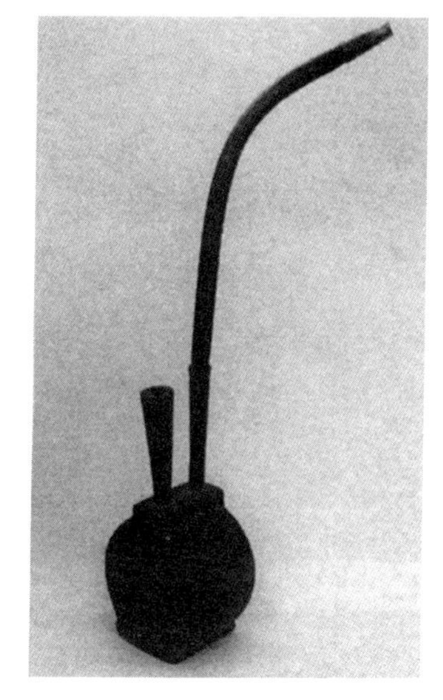

图30 用竹节制成的水烟袋
（摄于北京潘家园市场）

兰州水烟

1989年9月下旬，我在甘肃兰州的郊区城市定远见到了种有黄花烟的烟田。赫赫有名的兰州水烟就在兰州中部的黄河沿岸一带种植。同年11月底，我、杨国安（时任中国烟草总公司烟叶生产购销公司调拨经营处处长）、奥田雅瑞（日本烟盐博物馆馆长）一起再次参观了兰州水烟厂。在那里我第一次目睹了用水烟袋吸烟的情景。

新中国成立前，兰州有40多家手工生产水烟的小作坊。1956年其中的24家作坊合并为兰州水烟厂。1968年水烟厂由手工生产逐渐转为半机械化。半机械制水烟曾经垄断了

图 31　种植黄花烟(兰州水烟的原料)的烟田(摄于甘肃兰州郊区)

图 32　水烟的推刨工艺

整个市场。最近，为满足消费者的不同爱好和需求，手工水烟重新登场。

兰州水烟的制作过程大致是这样的：在烟叶中添加石膏、姜黄粉、菜籽油、香油、食盐、草药等辅助成分后搅拌均匀，经一两天发酵后压制成烟墩。将烟墩固定在切割台上，沿直角方向进行推刨。用类似制作夹寿司用的模具对推刨后的烟丝进行压方。晾干后，就可以包装了。成品的水烟依据颜色可以分为青烟、棉烟、黄烟、麻烟四种。

图33　水烟的压方工艺

在清朝黄钧宰《金壶七墨》一书中有关于兰州水烟的最早记述。原文如下：

乾隆中兰州特产烟种，范铜为管，贮水而吸，谓之水烟。

同一时期的舒位在一首名为《兰州水烟》的诗中写道：

兰州水烟天下无，五泉所产尤绝殊。

图34 用白铜水烟袋吸兰州水烟的烟厂工人

居民业此利三倍，耕烟绝胜耕田夫。

兰州水烟最初的消费群体是中国南方的林业工人和渔民，后来由上海和福建的商人带到全国各地。兰州水烟也可以用水烟袋吸，据说该水烟袋是用羊腿骨或鹰翅骨做成的。幸运的是，在兰州水烟厂我看到两位吸兰州水烟的老职工。其中一位用的是白铜制水烟袋，另一位用的是羊腿骨制水烟袋。

参观完兰州水烟厂后，我们又去了西安。在西安的一个路口，我先后看到三位用水烟袋吸水烟的人，真实地感

图 35　用羊腿骨水烟袋吸兰州水烟的烟厂工人

受到昔日水烟袋的盛极一时。令人欣慰的是，至今仍有一部分人对它情有独钟。

在民间传说中，制作水烟的烟叶被俗称为“韭叶芸香菜”，据说是诸葛亮发现此物后将其带到甘肃的（参见第一章“中国起源说”）。据说新中国成立前，兰州以德隆丰（1739 年开业）为代表的 130 家烟坊，家家都敬供诸葛亮像。现在很多烟坊还挂着“芸香事业”的匾额，并张贴着这样的对联：“嘉种传南方，可解山岚瘴气；奇货产西北，原出韭叶芸香。”

云南水烟

1989 年我利用圣诞节前后 8 天的时间去云南采风。其间我参观了昆明卷烟分厂（雪茄厂）。当时是节假日，三位技术人员为我做了讲述：

“工厂原来也制造水烟的烟丝，因需求量少，效益不佳，于 1978 年停止生产。现在的云南水烟多用烤烟烟叶制作。水烟烟丝都是农民手工制作，现场很难看到。制作工艺一般是用专用刀具自上而下推削，因此又被叫作‘刀烟’。刀烟是 1869 年由蒙自县的周氏兄弟发明的。1874 年，周氏兄弟又发明了‘木榨推烟工具’。”

听了这些话，我更渴望能去现场亲眼见识一下。

之后，我跟出租车司机小张一起去看看出售水烟筒和烟丝的露天市场。向卖烟的姑娘们打听，她们告诉我们：“我们只是贩烟丝的，烟丝都是从宜良人手里买来的。就算去宜良也很难见到烟丝加工现场。”小张劝我放弃，我却执意要去。接着向其他店铺的年轻人打听，他们知道得很详细。我就跟他们交涉：“我会付酬的，明天带我去现场看看吧。我是日本人，很想亲眼看看烟丝加工工艺。”一位姓李的年轻人极不情愿地说：“那好吧，明天我带你去。早上8点在这里集合。”

第二天早晨，出生于宜良的小李和司机小张带着我从昆明出发，赶往110公里开外的宜良。小李讲话带云南腔，我听不懂，就让小张为我翻译成普通话：

“除了咱们要去的宜良之外，曲靖、蒙自、玉溪等地也加工烟丝。其中蒙自的烟丝加工质量最佳。过去，像‘刀烟’、‘推烟’、‘刨烟’这些都是用的手工，现在全部是‘机器烟’。手工的话，一天最多加工几公斤，机器每小时可以加工80公斤左右。离昆明300公里左右的曲靖曾经盛行刨烟，如今也改用机器加工了。”

小李首先带我们参观了位于村子中央的一个建筑。建筑的角落里放着两台切割机，烟叶被一点一点地运送到机器台上，切割刀一上一下切出很细的烟丝。看上去速度很快，效率也还可以。之后，小李和那里的一位老人一起领着我们参观了村子。老人把一个已经搁置了 15 年左右、切刀烟用的刀具重新组装起来，为我们实际演练了一次。步骤是这样的：首先将烟叶去骨，洒上菜籽油，将烤烟叶码放在两块细长的烟板之间。人跨坐在烟板上，用刀具自上

图 36　水烟切割机

而下切成细细的丝。切的时候，需要靠腰力有节奏地上下带动烟板，腰部慢慢地后倾，上面的烟板也随之后移。上面的烟板可以防止刀具走偏走位。看似简单的工作，却需要丰富的经验。没有一定的技巧，是不可能切出这么均匀细密的烟丝的。听这位老人讲，这把刀是专门用于切割刀烟的，没有其他用途。

回来的路上我一直思考，用身边极为普通的竹子制成的水烟筒是来源于生活的智慧。云南成为烤烟大省之后，

图 37　传统刀切烟丝的演示

津甜柔绵的烤烟备受青睐，制作水烟的原料也因此由传统的蒙自刀烟（晒黄烟）改用烤烟。

烟罐

我在印度曾经见过烟罐。吸烟罐时会发出“呼——呼——”的声响，因此在印度它还有“*hubble bubble*”（泡泡沸沸）的别名。烟罐的材料是多种多样的，最简易的是用椰果制成的，还有的是用黄铜、金、银、宝石精雕细琢而成。烟罐用的烟叶需要先切成烟丝或磨成烟粉，加入少量果汁或粗糖水搅拌后凝固成形。据说也可以用吸味、刺激性较强的黄花烟代替。将烟叶块放进烟仓后放入燃烧的炭，吸烟者从烟袋嘴处吸入水烟。从吸味上看，既有味重的又有味淡的，既有高档的又有低廉的。

我曾经先后四次去新疆考察，但一次也没有见到中国烟罐。1989 年夏，出租车司机肉孜很抱歉地对我说：“南疆喀什和和田一带至今还有水烟。吸水烟的都是维吾尔族人，与印度、巴基斯坦等地使用的烟罐一样，都带着长长的烟杆。但是现在越来越少见了。”

1998 年在巴基斯坦、1999 年在伊朗，我都见到了很

图38 用长杆烟罐吸烟（摄于伊朗的伊斯法罕）

多与印度同样的烟罐。烟罐大概是通过丝绸之路传到中国的吧。

从伊朗、印度等地传到中国后，水烟袋发展成独具中国特色的竹制水烟筒、金属制水烟袋。而新疆地区的人们却喜欢使用与印度、巴基斯坦等地同样的烟罐。或许，水烟袋传播到中国的途径有两个：一个是海上丝绸之路，一个是陆上丝绸之路。

四、鼻烟

鼻烟是用手指拈取、捏取烟粉或将烟粉倒在手心或手背上，送入鼻孔吸食。专门盛放烟粉的小容器叫作鼻烟壶。吸食鼻烟的风气自清朝开始盛行，之后逐渐衰退。今天，只有藏族和蒙古族还保留着这一风俗。

1998年10月上旬，“国际烟草科学研究会”在广州召开。作为该会议的重要组成部分，由中国烟草总公司主办的“1998年北京烟草博览会”同步举行。在该博览会上展出了四川西昌烟叶复烤厂生产的鼻烟，展品旁边注明鼻烟

图39　各种鼻烟展品（摄于北京烟草博览会）

有“通百脉、达九窍、调中极、逐秽恶、辟瘴疫”的功效，而且还介绍鼻烟具有不出烟雾，不会影响他人，也不会引发火灾的特点。同时介绍说当时中国生产和销售的鼻烟有中药配方型、芳香型、标准型三大类别。

鼻烟的来历

清朝书法家赵之谦于1880年出版了《勇庐间话》，书中记述了鼻烟的由来。

> 鼻烟来自大西洋意大里亚国。万历九年，利玛窦汎海入广东，旋至京师。献方物，始通中国。

赵汝珍在《古玩指南续编》中这样记载：

> 大西洋者，泛指西方之大洋，并非今之大西洋也。又万历九年，为二十九年之误。
>
> 及雍正三年，意大里亚教化王伯纳第多贡方物，其中以鼻烟为最多。从此鼻烟遂遍于东土，鼻烟之兴以此为起点。从此日益风行，至乾嘉为兴盛之极峰。

庚子拳乱之后，则日渐式微。

可以肯定的是，鼻烟系明朝末期传入中国，并于清朝得到广泛普及。因为鼻烟具有“醒目、避瘟”的功效，因此大受皇族、贵族们的欢迎。欧美各国曾先后向康熙、雍正、乾隆三位皇帝进献洋鼻烟和鼻烟盒。鼻烟之风盛行后，进口的少量鼻烟盒无法满足国内需求，国内生产鼻烟盒成为市场发展的必然。洋式鼻烟盒的盒盖在开启时会将湿气带入盒内，也放走了一部分鼻烟的香气，因此不适宜在湿气过重的中国使用。因此，中国对传统的药瓶加以改良，开发出中国特色的鼻烟壶。

当时，中国将“*snuff*”（鼻烟）音译成“士拿乎”、“西腊”、“士那”等多种叫法，将“*snuff box*”（鼻烟盒）音译为“薄士”。鼻烟壶的主要配件有鼻烟勺、漏斗、烟匙和鼻烟碟。鼻烟一般贮藏在体积较大的壶或瓶子里。吸烟者外出时，为携带方便，会选用小型鼻烟壶。鼻烟勺和漏斗用来将粉末状的鼻烟装入鼻烟壶内。烟匙放置于鼻烟壶的壶盖上，吸鼻烟时可以用它往外掏鼻烟。有关鼻烟碟的用途，后面会有详述。

西藏与内蒙古的鼻烟

1988年9月底，田中正武（时任京都大学农学部名誉教授）和阪本宁男（同所大学教授）在结束对西藏野生小麦的考察返京后对我说：“你一定要看一看西藏农业的发展现状。”1989年3月7日至4月30日中国政府对西藏实行戒严，规定只有10人以上的团体才能入内。1989年5月20日至1990年1月10日，北京也处于戒严状态。在这种情况下，1989年10月我参加了美国一家旅行社的旅行团，见到了盼望已久的西藏。因此当时我是从戒严的北京赶往同处戒严状态的拉萨的。

拉萨海拔3600米左右，全年光照强烈，因此有“日光城”的别名，那儿的天空特别蓝。街上到处都有卖鼻烟的，这让我更加觉得不虚此行。在此之前，我只是在电影《阿Q正传》中见过吸鼻烟的情景。1989年9月我乘车调查了兰州到西宁一带。青海省内居住着很多藏族人，尽管留意观察，在这里我还是没有发现吸鼻烟的人。但我特别希望能有机会亲眼目睹一次。

直到有一天，我的愿望实现了。在镇上的一个广场，我看到一个老人的举止很怪异，便上前问他是不是在吸鼻烟。很多藏族人是不懂汉语的，幸运的是，这位名叫白玛次旦的老人用汉语告诉我这就是鼻烟。他直接用拇指和食指从摊子的鼻烟罐里捏一撮鼻烟塞进鼻孔内。

1989 年 11 月，我参观了内蒙古的呼和浩特、包头、集宁等地。集宁还未实行对外开放，所以我请我的朋友、内蒙籍的寇曙春（当时在南开大学就读硕士）一同前往。

在位于呼和浩特市的内蒙古博物馆内，除各种鼻烟壶外，还展列着一张大照片。照片上有两位蒙古族的老人正吸着鼻烟愉快地交谈。

司机小张是蒙古族的青年。从集宁返回的途中，他还带我们去了辉腾锡勒大草原。6 点多我们走进一个蒙古包。蒙古包内正举行酒宴。见我们进入，大家开始一齐举杯。小张用蒙古语向大家说明此行目的："这个人很想亲眼目睹一下鼻烟是怎么吸的。"在场的人说："我们年轻的时候都吸过鼻烟，几乎所有的人都知道怎么吸。但是现在我们都不吸了，也没有鼻烟壶。只有 70 岁以上的老人还在吸。70 公里开外还有别的蒙古包，那里的老人也吸鼻烟。""现在，鼻烟作为古董很受欢迎，因此这一带的鼻烟壶已经所剩无几了。"感谢完他们的热情款待之后，我们连夜赶回了包头。

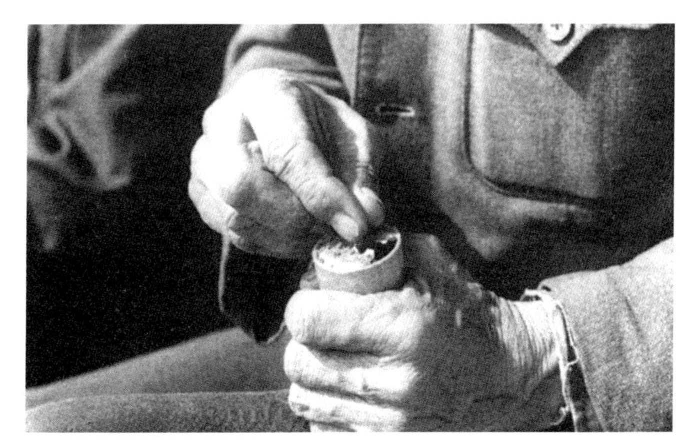

图 40　捏一撮鼻烟粉

图 41　将鼻烟粉塞入鼻孔

鼻烟的制造

鼻烟经西方传入中国时，是用来驱寒的发汗药。不久北京开始利用国产烟叶生产鼻烟，接着推广到广东省。上海当时是国内最大的鼻烟生产基地。

鼻烟一般用富含油脂、质量上乘的高档晒烟作原料，常用的有四川广汉的“毛烟”、灌县的“猫耳朵”和“铁杆子烟”、山东兖州的烟叶。最近偶尔在原料中掺杂一些烤烟。

其生产工艺是这样的：将烟叶去骨后加水滋润，切成片，放置在容器（如桶等）内，经反复发酵后除味。接着用火烤干，用碾子将烟片碾成粉末，干燥即可。在最后一道工序中也可以加入香料、盐、糖等成分，用水弄湿。将鼻烟粉密封在一个容器里，存放一段时间后即可吸用。

1989 年 12 月初，我跟奥田雅瑞（时任日本烟盐博物馆馆长）一起参观了位于上海青浦区（郊区）的陆湾烟丝厂。这是一家拥有 20 余名员工的小厂，因为是第一次接受外国来访，全体职工夹道欢迎我们。

该厂的前身是南洋烟草公司。在使用“陆湾烟丝厂”

图 42　将鼻烟称好后包装（摄于陆湾烟丝厂）

这个名称之前，公司曾经使用过“大舜烟草公司”、“盈中乡烟丝厂”这两个名称，1976 年改名至今。1986 年之前公司主要生产鼻烟和烟丝，后来烟丝因销量不好而停产。如今公司只是单一生产鼻烟。

工厂沿袭了传统的生产工艺，没有添加中药配方，而是使用了四种香料，如酸橘子等。先将香料洒在铁桶内的烟粉上，再用手拌匀，放置一两个小时后自然风干。第二天用 100 目的筛子过滤后包装成型。工厂生产的产品（每盒 50 克）有四个品牌：“紫兰鼻烟”、“玫瑰鼻烟”、“双菊鼻烟”、“天鹅鼻烟”。前三个牌子只在国内销售，产品主要运销至内蒙古、云南、甘肃、上海、天津等地，年产量在3万吨左右。“天鹅鼻烟”主要出口至蒙古国，年产量约在10吨左右。

在工厂我拿到一个印有“鼻烟介绍”的小册子，其中有这么一句话：

> **功能特点**　鼻烟有醒目、防疫、提神的功效。对治疗鼻炎也有一定疗效。用法简单、见效快、携带方便。长时间贮存后，其香气更佳。
>
> **用法**　使用时，取出少许鼻烟，用食指指尖送入鼻孔内闻吸。每天使用3—5次。若您去高山或湿气较重的地区旅游，抑或是身处气候多变的季节，建议您多吸几次。

我试着闻了几下，只是感觉鼻子发痒，以致打了几个喷嚏，并没有感觉到鼻烟有多好。

过去，中国有两家鼻烟厂。除陆湾烟丝外，四川西昌还有一家。现在只剩下西昌一家鼻烟厂还在生产。

鼻烟壶

去中国旅游时有一样东西您一定不要错过，它就是鼻烟壶，因为在日本你是没有机会见到的。我第一次见到鼻烟壶是 1981 年 9 月在台北“故宫博物院”，当时见到国宝级的珍贵鼻烟壶时，我激动万分。在北京期间，我也喜欢去各地古董店、土特产店看那些形形色色的鼻烟壶。

为携带方便，鼻烟壶的体积很小。因为是随时可用的日常用品，有钱人不惜投掷重金购买珍品鼻烟壶。珍品鼻烟壶的制作用料十分考究，外观也极为精致。截止到光绪年间，鼻烟在文人墨客中广泛盛行，鼻烟壶也成为鉴赏的对象。

今天，中国的土特产店和古董店里都售有不同时期的鼻烟壶。价格昂贵的也不在少数，而更常见的则是较为低廉的陶瓷制鼻烟壶。许多药瓶也被当作鼻烟壶混杂其中。正如之前提到的那样，当年鼻烟被公认为具有药物功效，因此曾经被贮存在药瓶里。北京的文物商店曾经出售过很多贮存鼻烟粉的玻璃瓶。

《勇庐间话》中这样记载：“鼻烟壶初制比古药瓶式，呼为瓶，后惟称壶。”

宋朝出现了放置丹药的陶瓷丹瓶，其中有些丹瓶作为鼻烟壶一直留用至今。元代、明朝时期，丹瓶的生产工艺得到进一步发展，被看作鼻烟壶的雏形。据说有些丹瓶上还写着“×× 丸”、“×× 丹”、“×× 散”的字样，多半应该是药瓶。古代药瓶有些是用金属制作的，现在看来已经非常罕见。

北京一家古董店的店主这样说道：

“过去药瓶是老百姓的日用品，鼻烟壶是有钱人家才用的奢侈品。其实有很多老百姓是拿药瓶当鼻烟壶使的。”

我买了两个药瓶当样品，上面分别写着“黑虎丹”、“生军散”几个字。我就此事写信向朋友、中药研究专家孙学东大夫（时任中国中医研究院广安门医院科学研究所所长）咨询，不久就收到了他的回信。信中这样写道：

> 黑虎丹是一种外用药，它能够清热解毒，相当于西医上用的外科消炎药。生军散就是一味叫大黄的中药，可以利便清热，相当于西医上的通便消炎药。

康熙年间中国开始生产鼻烟壶，之后发展迅猛。清朝时期，广州、北京、山东博山、辽宁、内蒙古、西藏等地为其主产区。辽宁大量生产玛瑙，因此那里主要用玛瑙制作鼻烟壶。内蒙古和西藏则主要用金属制作。

中国的鼻烟壶不仅在大小和形状方面种类繁多，使用的材料也是多种多样的。最初是用五色玻璃制作的，之后发展为使用不透明玻璃，最后发展为各种材料。用金、银、翡翠、玛瑙、水晶、珊瑚、象牙、陶瓷、果核、竹木、漆、动物的角或骨头等制成的鼻烟壶因其材质的特点，其形状

图43　清朝贮存鼻烟用的玻璃容器（摄于北京某家古董店）

图44　清朝的鼻烟壶。从左至右依次为陶瓷制、水晶制、珊瑚制、翡翠制、玛瑙制（摄于北京某家古董店）

可谓千姿百态。每个鼻烟壶上或雕刻彩绘，或镶嵌着各种图案，并配有盖子和勺子，每件艺术品都令人感叹。作为中外技术和艺术交流的产物，中国的鼻烟壶赢得了全世界的赞誉，欧美的艺术家们对其情有独钟。

满族、蒙古族、藏族的生活以放牧、打猎为主，因此，这些人使用的鼻烟壶必须结实耐用。在当地，鼻烟壶几乎都是用木头或金属制成。此外，很多藏族人还使用野牛、牦牛的牛角制作鼻烟壶。位于四川彝族自治州境内的凉山彝族人曾经使用水牛的牛角制作鼻烟壶，在北京的雍和宫文物陈列室内有展示。

接下来说一说“内画壶”。它是一种用透明玻璃或水晶制造的鼻烟壶，内层绘有精致美丽的图案。现在在中国各地的土特产商店里都有销售。有关内画壶的由来，在老艺人中间流传着这样的说法。清朝乾隆末嘉庆初年，有位小官吏进京办事，因没有贿赂朝廷官吏，致使公事一再拖延，最后被迫寄宿在庙里。由于他嗜鼻烟成癖，壶内鼻烟用完后又无钱购买，只得用烟匙去掏粘在壶内壁上的鼻烟，结果在内壁上划了许多道痕迹。他的这些举动被庙里的一位和尚看在眼里，并从中得到启发，他用一根弯曲带钩的竹签蘸上墨，伸入透明的鼻烟壶内，在内壁上作画。

光绪年间至20世纪初是内画壶艺术的鼎盛时期。甘烜文、周乐元、叶仲三、丁二仲、马少宣、毕荣九等名人辈出，艺术题材极为广泛，许多作品的绘画手段十分精湛。今天，内画壶艺术分成四大流派：以刘守本为代表的京派、以河北衡水王习三为代表的冀派、以山东博山李克昌为代表的鲁派和以广东汕头吴松龄为代表的粤派。

为亲眼见证内画壶的现场制作，我参观了北京工艺美术进出口总公司下属的北京长城美术作品厂。当时，工人们正在对照原图，将纤细的钩头画笔伸进鼻烟壶内，在荧光灯下绘图刻字，制作过程十分精细。开始是临摹画稿，

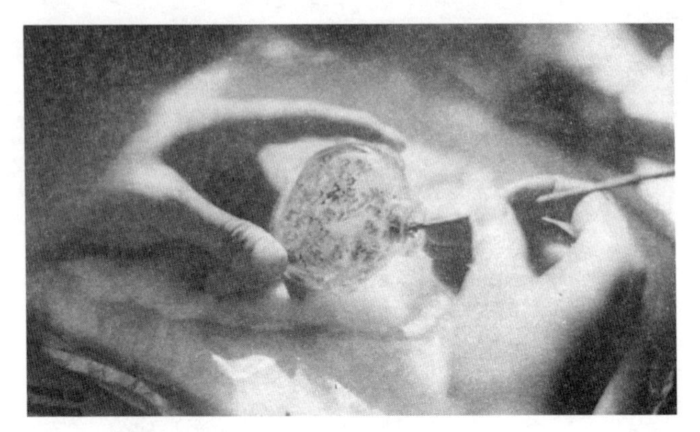

图 45 描绘内画

然后是充分涂色。在一个月的时间内，一人可以制作几个比较简单的内画壶，复杂的话只能制作一个。

1997 年 12 月和 1999 年 9 月，冀派内画工艺师王冠宇先后两次访问日本的烟盐博物馆，我借机请他为我演示制作内画壶，并请教了很多相关问题。

1997 年 11 月，国际中国鼻烟壶协会会长约翰·福特携妻子访问日本烟盐博物馆，我们就鼻烟壶进行了交流。该协会是由美国人爱德华·奥德尔于 1968 年 11 月创立的。1998 年 3 月，日本成立了鼻烟壶爱好者协会。

中国鼻烟壶的确有着独具特色、难以形容的美。特别是珍品鼻烟壶有极高的鉴赏价值。曾经是专供一部分贵族和富人们赏玩的鼻烟壶，在今天受到了全世界的关注。

鼻烟碟

位于北京市内的雍和宫在康熙年间曾经是雍正亲王的府邸。乾隆时期，将其改为喇嘛寺。在雍和宫的文物陈列室里，展示有鼻烟壶和鼻烟碟。吸鼻烟时，先从鼻烟壶里取出鼻烟后再将其放置在鼻烟碟里。我对鼻烟碟很感兴趣，就利用周末逛遍了所有的古董店。北京的琉璃厂是以经营清朝以来的书画古玩为主的商店一条街。因元朝建设内城所需的琉璃瓦就是在这儿的官窑里烧制的，“琉璃厂”由此得名。我走进一家古玩店，向一位30岁左右的女店员打听有没有鼻烟碟卖时，得到的回答是：“我这里有鼻烟壶，什么是鼻烟碟？从来没听说过。”

我将“碟”字写给她看。过了一会儿，从店里面走来一位老先生，他告诉我二楼有鼻烟碟，并请我上楼。在那里我看到四个翡翠制的鼻烟碟。当我问起这些鼻烟碟怎么使用时，老先生回答：“过去，有钱人吸鼻烟的时候，先从鼻烟壶里取出鼻烟，然后再把鼻烟盛放在这些小碟子里，有时候是敬给别人吸，有时候是自己吸。比如像我这样。”说着便做出吸鼻烟的动作。在确认这就是鼻烟碟后，我买了两个回去。

就这样，经过多方打听，我四处走遍了北京的古董商店，如红桥自由市场、官园市场、白桥自由市场、鼓楼自由市场等。中国的大城市里都有文物商店，即古董店。过去我从来都不会去这些地方，而今我却对它们产生了浓厚的兴趣。

与鼻烟壶相比，鼻烟碟的价格不算昂贵。它们的直径在3—7厘米。我收集到了各种材料的鼻烟碟，有翡翠、银、象牙、玛瑙、陶瓷、漆、玉、珐琅、铜、玻璃、塑料、犀

图46　前排是鼻烟碟，后排是鼻烟壶（摄于雍和宫的文物陈列室）

牛角、水牛角、动物骨头、贝壳、木头、石头等。其中，北宋时期用漆镶边的陶瓷鼻烟碟堪称绝技。在收集过程中，我了解到北京以外的其他地区基本上没有鼻烟碟。因此，将鼻烟从鼻烟壶移到鼻烟碟上吸食的贵族风气，主要集中在古都北京。

1995 年 11 月，我先后参观了台北古玩一条街的中国大城市文物广场、周末的假日玉市和其他古玩店。在众多鼻烟壶中间，我看到几个由翡翠、玉石、象牙等材料制作的鼻烟碟，十分开心。不过我听说它们都产自大陆，没有台湾当地产的。

1999 年 8 月，我再次来到北京，在潘家园等地买了十几个鼻烟碟。至此，我所收集到的鼻烟碟数量已经超过了 70 个。

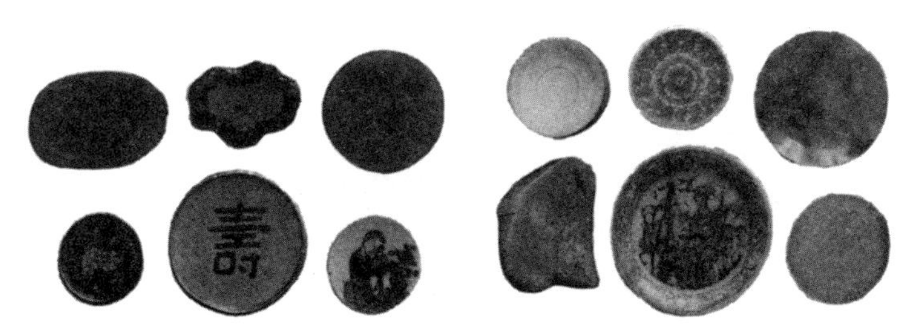

图 47　作者收藏的部分鼻烟碟

鼻烟壶袋

顾名思义，鼻烟壶袋就是用来放鼻烟壶的小袋子。我很想拥有一个作为纪念。1989 年 11 月，在即将回国的时候，我请内蒙古的一个朋友抽时间给我找一个。回国后，大约过了半年的时间，朋友给我寄来一封信和一个古色古香的鼻烟袋。信中是这样写的：

据说，这件鼻烟袋是 1910 年内蒙古首领进京时由清朝皇室赠送的。之后他仔细保存，每逢有客人来，他都会将它与鼻烟壶一起拿出来给客人看。他死后将这个

图 48　从内蒙古收集到的古老的鼻烟壶袋

鼻烟袋传给儿子。“文化大革命”期间，作为王族的后代，儿子被人们指控为统治者的走狗，并遭受迫害。之后鼻烟袋被传到孙子手中。已经过去几十年了，鼻烟袋表面上的刺绣已经脱落，图案也变模糊了。上面的绳子是十几年前新换的。

朋友费尽周折为我找来的这件记述着历史的珍贵鼻烟壶袋，我珍藏至今。

五、莫合烟

“马合烟”、“莫合烟”这两个词是源自俄语“*Махорка*”的音译。它是将黄花烟叶加工成粒状后用报纸卷着吸的一种烟。莫合烟深受新疆人的喜爱，至今已成为新疆的特产之一。1949 年，新疆黄花烟的种植面积为 434 公顷，生产量为 324 吨。1978 年其种植面积扩大为 1934 公顷，生产量增至 4512 吨。之后随着卷烟消费需求的增长，1984 年，黄花烟在新疆的种植面积缩减至 1174 公顷，当年的生产量是 1640 吨。

参观莫合烟

中国有句俗话："不到新疆不知中国之大。"在这片占据国土面积近六分之一的土地上，孕育着很多有特色的自然与人文风情：丝绸之路的遗迹、广袤无垠的沙漠、少数民族的原生态歌舞等。在新疆，维吾尔族占45%，此外还有哈萨克族、汉族、回族、柯尔克孜族、塔吉克族、乌孜别克族、达斡尔族、塔塔尔族、俄罗斯族等多个民族。

我先后四次到访新疆，在那里到处都有卖莫合烟的。在意为"美丽牧场"的首府——乌鲁木齐，在哈密瓜的家乡——鄯善，在生产葡萄的"沙漠珍珠"——吐鲁番，在人民解放军建立的新城——石河子，在位于塔克拉玛干沙漠以西和天山南路最西侧的"城中城"——喀什，在曾经拥有强大权力的莎车国故地——莎车，随处可见莫合烟的踪影。下面是我于1988年6月至7月考察新疆时见到的情景。

在鄯善——

旅馆的崔建红带我参观了销售莫合烟的小摊和黄花烟（生产莫合烟的原料）的烟田。我们首先去小摊上看看。只见地上铺着几块塑料布，上面堆放着几堆莫合烟。烟是用秤称着卖的。几个男人蹲在那里闲聊，小崔也跟他们攀

图 49　将莫合烟堆放在塑料布上称着卖

谈起来：

“听他们说因为烟叶的味道刺激得没法吸，所以把茎和叶碾碎后掺和着吸。他们是用报纸卷着吸的。价格是每公斤 5 元。吸一口尝尝吗？他们说不买也没有关系。”

摊主大哥给我卷了一支，吸一口感觉嘴里有着黄花烟特有的香味，味道还不错。仔细观察后，我发现黄花烟的颗粒中混杂着绿色、浅褐色、白色等多种颜色。而且不仅有叶片，还掺杂着一部分中骨和茎。看到绿色，我想起印度一位烟草研究人员说过：“黄花烟中的成分不会因干燥而发生变化，只是变干而已。”

接着我们去了黄花烟的烟田。在这片10公亩左右的黄花烟田周围还种有高粱、棉花、茄子和辣椒。烟农正在灌溉烟田，田里可以看到明晃晃的水。烟株的长势参差不齐，或许黄花烟这种作物根本不需要整齐划一。当时，已经开出黄色的花了，一旦成熟，这些花就会变硬变涩。

跟我一同去看烟田的年轻人说：“再过两三周，他们就会在根部将烟株剪下，然后吊在强光下晒干。”小崔接着用普通话给我翻译了一遍。

在石河子——

图50 开着黄花的黄花烟田

市场里有几家卖莫合烟的店铺。一位性格开朗、说话很冲的汉族老人一个劲儿地招呼我们。在他的店里堆着一堆黄色的颗粒烟，看上去很像黄花烟。我上前问这是什么烟，他回答得很爽快："看上去很漂亮吧？它是用一种环保材料染成的。因为看起来美观，所以有人买。价格跟一般莫合烟几乎相同。"

这位老人还为我演示了怎么卷烟。他先是用报纸很简单地把烟卷结实，然后津津有味地吸了起来。这让我想起在巴布亚新几内亚采访调查时的情景。在那里用报纸卷烟（此烟并非黄花烟）是非常常见的，因此被叫作"世界上吸

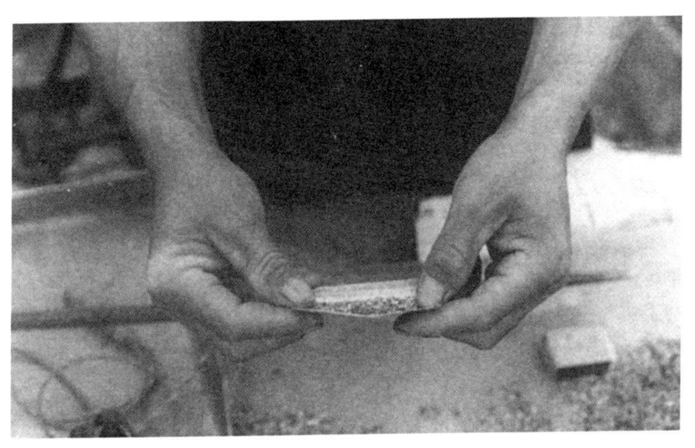

图 51　用报纸卷起颗粒状的莫合烟

图 52　演示完卷烟后津津有味地吸

报纸最多的国家”。

但是不同的是，巴布亚新几内亚卷烟用的报纸有 15 厘米长，而石河子用的报纸只有几厘米长。另外，一个卷的是有弹性的烟丝，一个是粗糙的烟粒，因此卷烟的要领也不同。我两手空空，正要离开时，老人还是爽朗地招呼我：“日本客人，欢迎再来”。

在石河子郊区，我同样看到了黄花烟田。跟鄯善一样，那里的黄花烟长得都不算高。烟田附近有一个烤烟试种农场。1989 年政府加大投入，在那里种植了 800 公顷烤烟和 133 公顷的白肋烟、香料烟等。

在莎车——

市场上有几家出售莫合烟的店铺，看店的是两三个可爱的维吾尔族女孩儿，她们一边叽叽喳喳地有说有笑，一边给客人称着烟。旁边的木头架子上坐着一位老人，头戴回族人特有的帽子，留着花白的胡子。老人正在为客人称黄花烟的烟叶。客人买回去后需要自己捻碎，捻碎后既可以卷起来吸，也可以用烟袋吸。这种烟叶多半很便宜。

图 53　将黄花烟的烟叶称着卖

在喀什——

在新疆最大的清真寺附近有一家大市场，市场里有几家出售莫合烟的小店。距离该地稍远的地方，有一家维吾尔族人开的商店，据说它是喀什地区莫合烟销量最大的。我请司机阿尔金带我过去。阿尔金是维吾尔族人，尽管不懂汉字，但汉语说得非常棒。

店里人告诉我说："莫合烟深受维吾尔族和哈萨克族人的欢迎，也有很多汉族人喜欢吸莫合烟。在新疆，莫合烟的消费量占所有成品烟消费量的60%，剩下的40%是卷烟。

图54　一位卖莫合烟的少年（放在他手边的是卷莫合烟用的报纸卷，摄于喀什）

莫合烟烟叶颗粒的价格在每公斤 7 元，茎部颗粒在每公斤 2 元左右。以上两种混杂在一起的颗粒价格在每公斤 5 元左右。如果掺杂有伊犁产的高档莫合烟颗粒，其价格在每公斤 7 元左右，它的味道是最香的。”

我向阿尔金提出参观黄花烟田和莫合烟厂的请求。阿尔金用维吾尔语同店里的人说了几句之后，对我说："喀什附近没有烟田，莫合烟厂只有伊犁才有。”然后他告诉我伊犁地区还没有对外国人开放，进入该地需要取得特殊的许可证。

我在北京的汉语老师郄晋申先生“文化大革命”期间曾经作为英语翻译被下放到喀什。结束参观回到北京后，我向他请教，得到的回答是这样的：

“在伊犁你可以看到一望无际的莫合烟烟田，景色非常壮观。哈萨克族人最喜欢吸莫合烟，之后这种习惯推广给维吾尔族和汉族人。对了，我还想起当年有一个维吾尔族人招呼我说：‘我们卖的是伊犁产的莫合烟。’你一定要看一看。”

前往伊犁

只要问到莫合烟，肯定会有人告诉你去伊犁看看。位于天山山脉北侧、沿伊犁河两岸的草原，是哈萨克族人生活的地方。其中心城市伊宁距离哈萨克斯坦边境 80 公里左右。公元前 2 世纪，这里曾经是东西方商品交易的场所，清朝中期这里还是有名的物资集散地。1871 年伊犁遭沙俄占领，直到 1881 年《伊犁条约》签订后才被清政府收回。

1988 年 8 月至 9 月，我跟司机肉孜两人参观了伊宁。

在伊宁，我们参观了生产莫合烟的东风烟厂。厂长任万生同意我们参观该厂。在这家小工厂里，几个工人被安排在两间厂房进行机器操作。据介绍，黄花烟的烟叶运进来之后，先由轧烟机将其捻成颗粒，接着用筛烟机挑选颗

图 55　翻炒莫合烟粒的炒烟机

粒，然后用炒烟机炒熟。捻碎筛选完毕后，用植物油将颗粒炒成黄色，黄花烟特有的香味就出来了。工人说："莫合烟的加工很简单。"确实，只要将颗粒炒熟，不必包装，直接装袋就可以出厂了。据说新疆的伊犁、特克斯、吉木萨尔、霍城、布尔津等地有共计13家莫合烟厂。

参观完工厂后，我们又来到五一人民公社，在一个种有黄花烟、玉米和向日葵的农场转了一圈。当时正值黄花烟的收获和干燥期。跟我在鄯善、石河子见到的低矮品种不同，这里的黄花烟长得很高大。烟田里，一位母亲领着

图56　正在对黄花烟（莫合烟的原料）进行打顶采摘

图 57　对采摘下来的烟叶进行翻晒

孩子忙着采摘烟叶，也就是打顶作业。父亲正忙着翻晒采摘下来的烟叶。在新疆到处可见黄花烟的烟田，烟农几乎都是汉族人。

1998 年 6 月，我去中亚旅游，并借机探寻那里的莫合烟。最后我只是在乌兹别克斯坦首都萨马尔干市的一个市场看到了它。由此可见，中亚南部地区并不盛行莫合烟，而且当地的莫合烟是以半香料烟为原料，而非黄花烟。

俄罗斯是莫合烟的故乡，这是毫无疑问的。

六、嚼烟

顾名思义，嚼烟是含在嘴里咀嚼的一种烟。嚼完后需要吐出来。它被看作是最简单、最原始的吸食方式。印度、印度尼西亚等热带地区喜欢嚼烟，中国只有一小部分地区有嚼烟的习惯。

嚼烟的制作工艺一般是这样的：为提升咀嚼时的口味先将生物碱融化，在蒌叶（胡椒科）上涂一层石灰，并配上槟榔（椰子科）、丁香（蒲桃科）、小豆蔻（生姜科）等香料。将烟叶末搅拌均匀后包起来含在嘴里。烟末的量由个人掌握，也有些人在嚼烟时根本不放烟末，只嚼香料。

根据制作方法、成品形状的不同，嚼烟可以分为烟饼、烟丝、烟绞三大类。

我听说汉族人没有嚼烟的习惯，嚼烟只限于一部分少数民族。因此在采访少数民族聚居区时，我特别留心观察了那里的嚼烟。

在西双版纳——

我曾经去过好几次云南，第一次去西双版纳是 1989 年

12 月底的事情。我在第一章“少数民族与烟”中曾经提到，西双版纳居住着很多少数民族，因此在那里我看到了很多罕见的烟。

在中缅边境附近有一个橄榄坝村，村子的市场上有卖烟丝的，烟丝的旁边摆放着用槟榔果加工制成的东西（参见第 79 页图 9）。摊贩是几个傣族的中年妇女，她们告诉我可以用它跟烟叶、石灰搅拌在一起咀嚼。听说她们自己也嚼烟，因为嚼烟中含有槟榔，牙齿都变黑了。这种烟曾经备受哈尼族和傣族人的喜爱，如今只有上了年纪的人才嚼烟。由此，我真切地感受到中国的年轻人也只是单一吸食轻便的香烟了。市场内有两个披着袈裟的小和尚与我擦肩而过，其中一个在 12 岁左右，另一个有 7 岁左右，两个人的嘴里都叼着香烟。这个场面还是很让我震惊。

朋友寇曙春告诉我，他在内蒙古东北角的满归镇、中俄边境附近的敖鲁古雅以及鄂温克族人居住的村子里都看到有人嚼烟。他说嚼烟是“把烟叶捻成粉后加入白桦树的木灰和香料，用油滋润后含在嘴里。嚼完后一下子吐出。这种嚼烟使用的原料应该是开黄花的黄花烟”。听完我觉得很有意思，心想有机会的话一定要去当地看一看。

槟榔

1988 年夏，我来到刚刚与广东划界建省的海南。在这里，我看到有人将少许槟榔果与石灰混合后，用蒌叶包着咀嚼。这种嚼烟方式跟广东类似。印度人把嚼烟叫“pan”，他们偶尔也会在嚼烟中掺杂些烟叶。我也曾嚼过几次，感觉味道独特，难以形容。听说在广东和海南的嚼烟中一般不掺杂烟叶。

1995 年 11 月，我跟作间宏彦（时任日本烟草产业株式会社烟叶研究所所长）一起去了台湾。随处可见的槟榔店

图 58　蒌叶和槟榔（中间容器里放的是石灰，托盘上的小包是用来嚼的）

图 59　槟榔制品。附带接红色唾沫的杯子和纸币

让人吃惊。台湾人是将生鲜的槟榔果与蒌叶、石灰一起咀嚼的。台湾嚼烟和香烟相比，到底哪个消费量更大我们无从比较，有人说嚼烟的消费量大大超过了香烟。为我们带路的吴万煌（时任台湾省烟酒公卖局专门委员）等人却告诉我们台湾没有嚼烟。我于是向民族学研究所的蒋武博士请教，他这样回答：

"居住在台湾的汉族人和少数民族都没有将槟榔和烟混在一起咀嚼的习惯。不过，吃槟榔的人多半也喜欢吸烟。"

"对于台湾的少数民族而言，烟草、粟和槟榔这三样是祭祀祖先的重要祭品。”

下面介绍一则在台湾少数民族——阿美族中流传的有关槟榔的传说。

过去有一对非常恩爱的夫妻，妻子突发疾病死去。临终时她留给丈夫一句话：“日后，在我的坟上会长出一棵槟榔树。摘下槟榔的果子嚼一嚼就能够忘掉忧愁。”故事大意是妻子死后化身成槟榔树以慰藉丈夫。

新疆纳斯烟

我在“莫合烟”一节中提到1988年夏去莎车一个市场参观的事情。当时店里有一位老人坐在木架上为客人称烟，店的门前放着一袋黄花烟的烟粉。恰好有位老人过来买这种袋装烟粉，只见他伸开手掌接过别人递来的一小勺烟粉，一口气含在嘴里。称烟的老人则抓起一把烟粉后用报纸包好。不知这一小勺烟粉是用来品尝的，还是免费赠送的，看似常客的老人一言不发，递上一毛钱就走了。我猜想袋装烟粉可能是嚼烟，便向同行的维吾尔族司机阿尔金确认。阿尔金好像也是第一次见到，就用维吾尔语问卖烟的老人。老人说：“把烟粉放在舌头底下，一点点地嚼，烟粉的味道

图 60　将黄花烟的烟粉一口气含在嘴里

很烈，不习惯的话，根本嚼不了。”我自认为这种烟司空见惯，并没怎么在意。因为急着赶路，便匆匆离开了市场。

之后，谢云（东京丸一商事株式会社乌鲁木齐事务所职员）告诉我说：“维吾尔语中把这种东西叫作‘纳斯’。我小的时候，纳斯烟多得是，现在却不怎么见到了。穆斯林是不允许饮酒吸烟的，因此他们用纳斯来代替吸烟。今天只有老年人还喜欢纳斯。现在，年轻的穆斯林们既吸烟又喝酒。”

我第四次来到新疆的时候，向维吾尔族司机肉孜打听关于纳斯的一些情况，他知道得很多，于是在去往伊宁的路上他为我做了讲解：

“纳斯很受维吾尔族人的欢迎。哈萨克族人当中只有一小部分人嚼纳斯，汉族人根本不嚼。其中南疆的喀什和和田地区有很多纳斯爱好者。都是非法生产和买卖的。现在喜欢纳斯的人主要是老人，年轻人不嚼，最近则少之又少。嚼纳斯时，需要把它含在牙龈前方一点一点地嚼。纳斯味道很烈，嚼完后要一口气吐出来。”

在伊宁，有人告诉我“去镇上的汉人街农贸市场就可以买到纳斯”，我立刻动身前往。在卖莫合烟的露天市场里，一位汉族小伙子正要告诉我卖纳斯的地点，此时，另一位汉族的中年男人小声嘀咕着：“不能告诉外国人。”小伙子立即改口说：“原来有卖纳斯的，现在没有了。”之后我怎么找也找不到，最终只得与纳斯无缘。

后来，1996年我在日本烟草产业株式会社冈山原料总部工作时，精通维吾尔语的竹内和夫（曾任冈山大学教授）为我提供了纳斯的相关资料：

“纳斯”呈深绿或黄绿色的粉末状物品。它是由干燥后的烟叶粉（45%）、木灰（棉柴灰或普通灰，32%）、植物油（棉籽油或蓖麻油，18%）、消石灰（5%）混合而成。有时可以加入水、动物胶，为提色提味还可以加入桑叶或其他香草。一般置于舌下慢慢咀嚼或用鼻子闻。每天使用15—20次（每次3—5克）。目前纳斯的种类超过10种。

“纳斯壶”，盛放纳斯的容器。使用特殊的葫芦或铜、银、家畜的触角制作而成。用葫芦制作时，先仔细打磨葫芦表面，也可以在上面做些雕刻。将葫芦内部挖空，顶部开一小口并用塞子盖住即可完成。铜制、银制的纳斯壶呈圆形或椭圆形，表面雕刻有各种图案。（《ウズベク・ソビエト百科事典》）

我似乎越来越强烈希望能够亲眼见一见纳斯的样子了。

探究纳斯的溯源

为探究纳斯的溯源，1998年6月，我参加了赴中亚旅行团。在前往途中，我在巴基斯坦拉瓦尔品第市住了一夜。

第二天早晨，利用一点空闲时间，我去了市里的一家大市场，看到一些装有绿色湿粉的铁皮容器。这竟然就是我梦寐以求的纳斯！

店里的老人十分娴熟地将纳斯装进塑料袋后递给客人。据说人们是将纳斯含在下腭牙龈的外侧。在别人的推荐下，我将少量纳斯放入口中，感觉有股青草味，说不出是苦还是甜。我含了一会儿就吐了出来。据说纳斯的原料中除烟粉外还掺有石灰和食用油。店主的旁边摆放着很多盛放纳斯的容器。廉价的铁皮制纳斯壶看上去很像鼻烟壶。它的

图61　店里的老人十分娴熟地将纳斯装进塑料袋（右侧是铁皮制的纳斯壶）

直径在5—8厘米，内外两层都是镜面，女人化妆时也可以拿它做镜子。

因为在市场里收获颇丰，当时的我欣喜若狂。但是在机场通关时，尽管我只是携带了少量纳斯，还是被告知禁止携带并遭到没收。

在土库曼斯坦——

在土库曼斯坦的首都阿什哈巴德，我第一个去的就是市场。那里有5家出售散装纳斯的零售店。这是我第一次在中亚地区看到纳斯。与巴基斯坦见到的不同，这里的人

图62 在土库曼斯坦第一次见到中亚地区的纳斯

是将纳斯放在舌下的牙龈内侧嚼着玩的。我试了一下，尽管嘴里还能适应这些粗糙的颗粒，或许是因为有石灰，嘴里变得麻嗖嗖的。吐出来后，还是感觉有些麻。我还留心去找了当地的纳斯壶，但是最终空手而归。

在乌兹别克斯坦——

布哈拉市内一家宾馆的土特产商店里卖有葫芦制和金属制的纳斯壶。葫芦制纳斯壶上绘有画或图案，看上去极具典型的中亚风格。金属制纳斯壶的形状跟内蒙古和西藏的鼻烟壶十分相似。好不容易与纳斯再次相遇，我的心里

图 63　葫芦制和金属制（最左边）的纳斯壶特产

有说不出来的高兴。但是我最想看的是生活中使用的纳斯壶。在周围的市场找来找去，我发现有两个中年妇女在卖造型简单的生活用铁皮制纳斯壶。尽管我在巴基斯坦曾经见过易拉罐铁皮制的，但是这里的纳斯壶好像更加小巧。当我继续在市场上寻找时，迎面走来两个人，走在前面的是位老人，从我刚刚看到的那种造型简单的纳斯壶里取出少量纳斯放在手中。就在与我擦肩而过时，老人将纳斯放进口中。这个动作深深地刻在我的脑海里。

图 64　易拉罐铁皮制纳斯壶

在位于萨马尔干市的国立文化历史博物馆里，有一个纳斯壶的展区，展列着水烟袋和各种大小、造型、图案不一的纳斯壶。体积大的纳斯壶应该是用于贮存纳斯的。展品的旁边有英语注释。

“纳斯壶和萨马尔干生产的独具特色的鼻烟壶，都是以萨马尔干地区种植的一种特殊的小葫芦为原材料制作而成。鼻烟壶的制作工艺有着悠久的历史，19 世纪末其外部装饰愈显华丽，在造型、色彩、打磨等方面都有着很高的造诣。

图 65　萨马尔干市历史博物馆展示的纳斯壶和水烟袋

图 66　造型简单的葫芦制纳斯壶

表面雕刻的图案以神话和民间传说为主，涵盖了人物、动物、鸟类、植物等方方面面。”

不巧的是，首都塔什干一家自由市场的纳斯店关门停业。走在大街上的人们将随身携带的纳斯拿给我看，我发现都是颗粒状的固体纳斯。

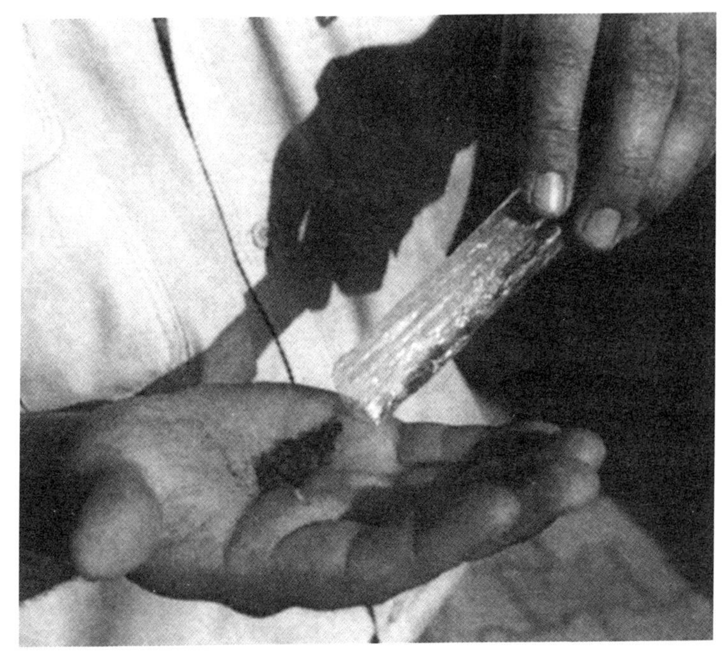

图 67　将颗粒状的纳斯倒在手心

在塔吉克斯坦——

当地导游穆卡迪告诉我说：

纳斯是用烟、白杨树的树皮、酸橙、油（棉籽等）制作而成。将这些原料依次搅拌，放置一段时间后就可以嚼着吃了。人们都是自己制作纳斯。

在伊朗——

1999年5月，我再次参加旅行团赴伊朗旅游。当时，大街上的水烟袋比比皆是，纳斯却唯独见到一次。

傍晚，我跟当地导游赫贾图拉一起，在伊斯法罕市的露天市场附近寻找阿富汗人出售的纳斯。赫贾图拉很快就看到一个手持纳斯的阿富汗人。这位男性拿着一堆塑料袋，每袋装有15克左右的纳斯。在返回酒店的出租车上，赫贾图拉这样告诉我：

图68　阿富汗人手中的袋装纳斯

“那种纳斯是阿富汗难民专用的，伊朗人不用。据说纳斯是在阿富汗东部的国境线附近生产和消费的。”

与纳斯结缘

在找到纳斯后我重新思考了很多问题。

首先，纳斯是属于鼻烟，还是属于嚼烟呢？粉末状的纳斯中含有水分，不适合用鼻子闻。而在塔什干见到的纳斯却是固体颗粒状，显然是用来放在嘴里含的。在中亚，纳斯最初是作为鼻烟出现的，后来演变成嚼烟的形式。事实上，据说欧美人也有将鼻烟放入口中嚼一会儿再吐出的习惯。我打算将这种可以咀嚼的鼻烟作为今后的研究课题。

其次是有关鼻烟和纳斯传播到中国的路线问题。鼻烟的传播路线有两条：一条是在东部，经过海上丝绸之路到达北京；另一条是在西部，从欧洲经由陆上丝绸之路传播至中亚。鼻烟在中亚演变为纳斯后传播至新疆。因此，从东部传来的鼻烟广泛流传于汉族、藏族和蒙古族中间，而从西部传来的纳斯仅仅以维吾尔族人为主要消费群体。从使用的容器上看，装鼻烟用的鼻烟壶艺术大放异彩，而纳斯壶只是作为普通百姓的一种日用品。过去新疆是否也曾经出现过某种盛放纳斯的容器呢?

再次，地处中国大北方的敖鲁古雅人吸食的嚼烟（参照第236页），说不定就是从这种外来的鼻烟或纳斯中起源的。虽然未做过调查，但是我感觉应该是起源于纳斯。

与鼻烟相比，纳斯显得非常朴素，然而我更加钟情于后者。因为在传播纳斯的丝绸之路上，有东西方文化的交流与融合，令人遐想无限。因此，通过烟来审视东西文化的交流史也是很有意思的。

原书参考文献

专卖局编：《煙草専売史》第一至三卷，1915年。

佐山融吉、大西吉涛：《生蕃伝説集》，杉田重藏书店，1923年。

长浜库吉：《煙草の異名に関する研究》，《九大医报》，1935年。

台湾总督府专卖局编：《热带产业调查书》（下），《食盐烟草》，1935年前后。

台湾总督府专卖局编：《台湾の専売事業》，1936年。

中野辉雄：《中国の水煙草と水菸、附水煙管の文化史》（天理参考馆丛书第九辑），天理参考馆，1955年。

大熊规矩男：《タバコ》（现代教养文库），社会思想研究会出版部，1961年。

宇贺田为吉：《タバコの歴史》（岩波新书），岩波书店，1973年。

吉田浤一：《二〇世紀前半中国の山東省における葉煙草栽培について》，《静冈大学教育学部研究报告（人文社科篇）》第28期，1977年。

西野重利：《たばこの伝説と寓話》，私家出版，1978年。

宇贺田为吉：《煙草文献総覧　漢書之部》，烟草综合研究中心，1981年。

水之江殿之：《東亜煙草社とともに》，私家出版，1982年。

陈琮著、田岛淳译：《煙草譜》，烟草产业史料第六期，1982年。

宇贺田为吉：《世界喫煙史》，专卖弘济会，1984年。

鲍勃·斯蒂芬斯：《鼻煙壺》，日本Graphic出版社，1984年。

和田喜德：《中国とたばこ事情》，《烟草日本》第71期，1985年。

吴晗著、铃木博译：《たばこについて》，《烟草史研究》第17期，1986年。

上田信：《中国“烟”漫谈》，《老百姓的世界》，中国民众史研究会，1978年。

郑超雄著、丸山智大译：《合浦県の雁首とたばこの中国伝来》，《烟草史研究》第29期，1989年。

田中富吉：《中国合浦県発掘の磁器煙管について》，《烟草史研究》第30期，1989年。

川床邦夫：《中国のたばこあれこれ》，《続・中国のたばこあれこれ（1—3）》，《烟叶研究》第110期，1989年；第114—116期，1990—1991年。

内山雅生：《中国華北農村経済研究序説》（金泽大学经济学部研究丛书），金泽大学经济学部，1990年。

夏家骏著、王怡等译：《中国の文献中のたばこに関する抜粋資料》，《烟草史研究》第35期，1991年。

郑超雄著、丸山智大译：《中国の煙草の起源にまつわる伝説》，《烟草史研究》第37期，1991年。

川床邦夫：《見聞・中国と西洋の嗅ぎたばこ》，《烟草史研究》第37期，1991年。

川床邦夫：《中国のたばこ見聞記》，《烟草产业史料》第13期，1991年。

吴万煌：《台湾煙草歴史文献集》，《烟草史研究》第40期，1992年。

川床邦夫：《鼻煙碟のこと》，《烟草史研究》第 41 期，1993 年。

颜民伟著、庄为光译：《中国煙草起源考証記》，《烟草史研究》第 44 期，1993 年。

夏家骏著、寇曙春等译：《煙草述異·中国も煙草の原産地だ！》，《烟草史研究》第 44 期，1993 年。

日本烟草产业株式会社编：《タバコ属植物図鑑》，诚文堂新光社，1994 年。

日本烟草公司创意服务出版公司总部编：《海の彼方に市場を求めて》，日本烟草国际株式会社，1994 年。

杨国安著、川床邦夫等译：《北洋烟草公司》，《烟草史研究》第 56 期，1996 年。

杨国安著、川床邦夫等译：《中国のたばこ専売小史（1、2)》，《烟草史研究》第 57 期，1996 年。

川床邦夫：《“ナス”について》，《烟草史研究》第 58 期，1996 年。

川床邦夫：《切手の中のたばこ（1、2)》，《烟草史研究》第 59、61 期，1997 年。

川床邦夫、谷田有史：《中国鼻煙壺愛好家の世界》，《烟草史研究》第 65 期，1998 年。

川床邦夫：《台湾のたばこ見聞記》，《烟草产业史料》第 24 期，1998 年。

川床邦夫：《中央アジアのたばこ見聞記》，《烟草史研究》第 136 期，1998 年。

杨国安编、铃木稔昭译：《中国のたばこの詩（1）》，《烟草史研究》第 68 期，1999 年。

田尻利：《清代農業商業化の研究》，汲古书院，1999 年。

程叔度主编：《卷烟统税史》，财政部卷烟统税处，1929 年。

台北“故宫博物院编”：《故宫鼻烟壶选萃》，台北“故宫博物院”，1976 年。

中国农业科学院烟草研究所编：《烟草栽培技术》，中国农业出版社，1980 年。

农业出版社编辑部编：《中国农谚》（上册），中国农业出版社，1980 年。

中国农业年鉴编辑委员会：《中国农业年鉴》，中国农业出版社，1981—1998 年。

李漪云：《从马市中几类商品看明中后期江南与塞北的经济联系极其作用》，《内蒙古师大学报》，1984 年。

赵汝珍：《古玩指南续编（翻刻版）》，中国书店，1984年。

曹德明编：《兰州水烟》，甘肃人民出版社，1985年。

郑超雄：《从广西合浦明代窑址内发现瓷烟斗谈及烟草传入我国的时间问题》，《农业考古》1986年第2期。

马成广主编：《中国土特产大全》，新华出版社，1986年。

唐启宇：《中国作物栽培史稿》，中国农业出版社，1986年（川床邦夫译：《中国作物栽培史稿·烟草》，《烟草史研究》第30期，1989年）。

中国农业科学院烟草研究所编：《中国烟草栽培学》，上海科学技术出版社，1987年。

张逸宾：《烟草春秋》，中国轻工业出版社，1987年。

陈瑞泰等：《中国烟种植区划》，《中国农作物种植区划论文集》，科学出版社，1987年。

中国农业科学院烟草研究所主编：《中国烟草品种志》，中国农业出版社，1987年。

訾天镇、杨同升：《晒晾烟栽培与调制》，上海科学技术出版社，1988年。

朱培初、夏更起编：《鼻烟壶史话》，紫禁城出版社，1988年。

陈峰松、陈文峰：《烟史闻见录》，中国商业出版社，1989年。

元朗、谭红：《烟瘾酒嗜茶趣》，巴蜀书店，1989 年。

杨国安：《中国烟草文化集林》，西北大学出版社，1990 年。

秦孝仪：《故宫鼻烟壶》，台北“故宫博物院”，1991 年。

耿宝昌、赵炳骅：《中国鼻烟壶珍赏》，香港三联书店、台湾文化事业联合出版，1992 年。

中国烟草大辞典编辑委员会编：《中国烟草大辞典》，中国经济出版社，1992 年。

吴万煌编：《台湾的烟（书稿）》，1995 年。

夏更起、张荣主编：《故宫鼻烟壶选萃》，紫禁城出版社，1995 年。

佟道儒主编：《烟草育种学》，中国农业出版社，1997 年。

史宏志、刘国顺编：《烟草香味学》，中国农业出版社，1998 年。

李淑君、黄元炯主编：《烟草农业生产资料手册》，中国农业出版社，1999 年。

Laufer，B.，Tobacco and Its Use in Asia，*Authropology Leaflet 18*，Field Museum of Natural History，Chicago，1924.

Goodspeed，T.H.，*The Genus Nicotiana*，Chronica Botanica Co.，Massachusetts，1954.

Chen Chi-Lu，*Material Culture of the Formosan Aborigines*，The Taiwan Museum，Taipei，1968.

Cochran，S.，*Big Business in China:Sino-Foreign Rivalry in the Cigarette Industry*，*1890—1930*，Harvard University Press，Massachusetts & London，1980.

Moss，H.，V.Graham & K.B.Tsang，*The Art of The Chinese Snuff Bottle*，Weatherhill，Inc.，New York，1993.

后记

我曾经在印度生活了三年，在中国生活了两年。在这两个国家各生活了一年之后，我有一种错觉，认为自己已经认清了这个国度。进入第二年后，我才开始意识到它们的博大精深，而我仅仅停留在肤浅的认识层面。对于这两个幅员辽阔、历史悠久、文化底蕴深厚的世界大国而言，这也是很正常的事情。

1977 年，受单位指派，我偕妻带子来到印度（日本专卖公社驻班加罗尔事务所），为当地的烟叶栽培提供技术支持。在这里，我见识了在日本根本不可能见到的印度比地烟、水烟、嚼烟、鼻烟等。之后，为调查烟叶产地和野生种烟草，我先后赴美洲、亚洲、非洲等地考察并搜集到许多相关信息。1987 年 9 月至 1988 年 12 月，我偕家属赴北京（东京丸一商事株式会社北京事务所）工作，在此期间调查了中国农业的发展状况。

我在北京的生活可以分成三段。最初的半年是单身一人住在新侨饭店。初到北京的时候我基本不懂中文，就跟随郄晋申（时任北京外企服务总公司教师）从汉语拼音开始学起。第二个阶段是与家人住在友谊宾馆，其间我开展了各项调查。在这一阶段，刚刚学会简单会话的我开始在中国各地展开调查。包括另外访问的台湾在内，我走遍了中国的33个省、自治区和直辖市，并搜集到各种相关资料。第三个阶段开始于1989年8月，我再次单身一人住在民族饭店并继续开展调查，直至回国。在这一阶段，我搜集到烟草等农业方面的大量参考书。

其间，我深刻感受到中日两国在文化、思想方面的差异，而且其相差程度完全超乎我的想象。尽管日本有很多东西是从中国吸收的，但这种吸收是有选择的，而不是全盘吸收。比如，日本就没有效仿中国特有的“宦官”、“缠足”风俗。就烟草而论，中国盛行的水烟和鼻烟也并没有被日本吸纳。然而，正是因为不同，两国之间才存在通过加深友好合作来提升彼此文化的空间。植物界也是如此。

杂种优势不是同类同性之间的组合，而是不同类不同种属间的杂交。中日两国同属东亚文化圈，因此，我深感要研究日本烟草史，必须学习中国的烟草史。

1998年，日本烟盐博物馆推出了“鼻烟壶特别展”。当时，以中国国家烟草专卖局局长倪益瑾为首的访日考察团一行来访。我们请倪局长题几个字，他很爽快地写下了下面几个字：

人类创造了历史，同时也创造了烟草文化。

1991年从中国回国后我整理了《中国のたばこ見聞記》（烟草综合研究中心），这也成为我编写此书的动机。在接到东方书店的约稿后，我发现竟然还有很多东西需要调查。因此，我通过去图书馆查阅或是请国内外的朋友帮忙，搜集到一些资料和信息。此外我还去中亚、伊朗等地采风，将手头的资料重新梳理。书中既有我的所见所闻，也有从参考资料中得来的信息。尽管如此，要网罗广大中国各种各样的烟草知识，对于才疏学浅的我来说是根本不可能办到的。同时，加上篇幅有限，很多地方解释得不够详尽。

如果您感兴趣的话，请参阅书末的参考文献。

本书所用参考资料有一部分是从我的三位朋友那里得到的，他们分别是杨国安（时任中国烟草学会副秘书长）、夏家骏（时任中国政法大学教授、全国人大代表）、吴万煌（时任台湾省烟酒公卖局专门委员）。同时，寇曙春（时为南开大学在读硕士）、郄晋申、汪皓（时任中国农科院蔬菜花卉研究所温室管理处处长）、铃木稔昭（东京丸一商事株式会社北京事务所副所长）等诸位人士也为我提供了各方面的信息。在即将成书之际，同样喜欢爬山、饮酒、吸烟，同样热爱中国文化的东方书店总编辑朝浩之先生为我提供了很多帮助。在此向诸位表示衷心的感谢。

近来，吸烟与健康的问题成为中国媒体关注的焦点。关于这一点，我想最后再说一句。烟、茶、咖啡、酒都是生活的嗜好品，而且烟的历史悠久，文化浓郁。我相信，爱吸烟的人向来都是讲究节制和礼仪的。

作者

1999 年 11 月

图书在版编目(CIP)数据

中国烟草的世界/（日）川床邦夫著；张静译.—北京：商务印书馆，2010.12（2020.6重印）
（世说中国书系）
ISBN 978-7-100-07509-1

Ⅰ.①中… Ⅱ.①川… ②张… Ⅲ.①烟草—文化史—中国—古代 Ⅳ.①TS4-092

中国版本图书馆CIP数据核字(2010)第227633号

中国烟草的世界

〔日〕川床邦夫　著
张　静　译

商　务　印　书　馆　出　版
（北京王府井大街36号　邮政编码　100710）
商　务　印　书　馆　发　行
三河市尚艺印装有限公司印刷
ISBN 978-7-100-07509-1

2011年2月第1版　　开本 787×1092　1/32
2020年6月第3次印刷　　印张 8 1/2

定价：30.00元